Schnelleinstieg in SAP S/4HANA® EAM (Anlagenmanagement)

Paul-Werner Neiss

Willkommen bei Espresso Tutorials!

Unser Ziel ist es, SAP-Wissen wie einen Espresso zu servieren: Auf das Wesentliche verdichtete Informationen anstelle langatmiger Kompendien – für ein effektives Lernen an konkreten Fallbeispielen. Viele unserer Bücher enthalten zusätzlich Videos, mit denen Sie Schritt für Schritt die vermittelten Inhalte nachvollziehen können. Besuchen Sie unseren YouTube-Kanal mit einer umfangreichen Auswahl frei zugänglicher Videos:

https://www.youtube.com/user/EspressoTutorials.

Kennen Sie schon unser Forum? Hier erhalten Sie stets aktuelle Informationen zu Entwicklungen der SAP-Software, Hilfe zu Ihren Fragen und die Gelegenheit, mit anderen Anwendern zu diskutieren:

http://www.fico-forum.de.

Eine Auswahl weiterer Bücher von Espresso Tutorials:

- Björn Weber: **Schnelleinstieg in die SAP®-Produktionsprozesse (PP) – 2., erweiterte Auflage** *http://5117.espresso-tutorials.de*
- Paul-Werner Neiss: **Schnelleinstieg ins Qualitätsmanagement mit SAP® QM** *http://5266.espresso-tutorials.de*
- Claudia Jost: **Lieferantenbeurteilung mit SAP® MM** *http://5291.espresso-tutorials.de*
- Ilona Bauer: **Preisfindung und Konditionstechniken in SAP S/4HANA® – 2., erweiterte Auflage** *http://5362.espresso-tutorials.de*
- Jörg Weißmann: **Praxishandbuch Vertrieb (SD) in SAP S/4HANA®** *http://5370.espresso-tutorials.de*
- Robin Schneider: **Praxishandbuch SAP®-Geschäftspartner (Business Partner) – Funktionen und Integration in SAP S/4HANA® (2., erweiterte Auflage)** *http://5468.espresso-tutorials.de*
- Simone Bär, Andreas Wunsch: **Abrechnungsmanagement in SAP S/4HANA® – Konditionskontraktabrechnung (2., erweiterte Auflage)** *http://5557.espresso-tutorials.de*

Bibliografische Information der Deutschen Nationalbibliothek
Die Deutsche Nationalbibliothek verzeichnet diese Publikation in der Deutschen Nationalbibliografie; detaillierte bibliografische Daten sind im Internet über https://portal.dnb.de abrufbar.

Paul-Werner Neiss
Schnelleinstieg in SAP S/4HANA® EAM (Anlagenmanagement)

ISBN: 978-3-960-12019-3

Lektorat: Petra Schweitzer

Korrektorat: Die Korrekturstube

Coverdesign: Philip Esch

Coverfoto: © Besjunior, ID 823800104 – istockphoto.com

Satz & Layout: Tanja Jahns

1. Auflage 2021

URL: *www.espresso-tutorials.de*

Feedback:
Wir freuen uns über Fragen und Anmerkungen jeglicher Art. Bitte senden Sie diese an: *info@espresso-tutorials.com*.

Inhaltsverzeichnis

Vorwort

Die Instandhaltung als wichtiges Mittel zur Erhaltung eines funktionsfähigen Zustandes wurde in der Vergangenheit von vielen Unternehmen als unerwünschter Kostentreiber eingestuft. Dies hat sich inzwischen gewandelt, da heutzutage technische Anlagen, wie etwa Maschinen und Prüfgeräte, oftmals hochgradig komplex und teuer sind. Aus diesem Grund ist man inzwischen darauf bedacht, dass sie eine lange Lebensdauer haben, in dieser Zeit möglichst vollständig verfügbar sind und genaue Messergebnisse liefern.

Um Probleme mit diesen sogenannten Equipments zu vermeiden, werden Wartungen oder Inspektionen vorausschauend geplant.

Für die IT-gestützte Instandhaltung bietet die SAP mit dem Enterprise Asset Management (SAP EAM, früher SAP PM oder SAP IH) ein flexibles und integriertes System.

Das vorliegende Buch beschreibt den Ablauf einer Instandhaltung in SAP S/4HANA: von der Planung der Wartungsaufträge bis zur Durchführung einer Inspektion oder Wartung. Dabei werden die meisten Funktionen mittels Fiori-Apps (Produktversion SAP S/4HANA 1909 – SAP_UI 1.71.16) durchgeführt.

Ziel des Buches ist nicht, Customizing-Einstellungen zu erklären, und es soll auch keine Endbenutzerdokumentation sein. Vielmehr soll es Ihnen einen Einblick in die Funktionen vermitteln, die Ihnen das SAP-System im Bereich SAP EAM bietet, und die wichtigsten Prozesse und deren Durchführung in SAP S/4HANA näherbringen.

Für wen ist dieses Buch gedacht?

Dieser Schnelleinstieg soll Sie mit der Durchführung von Wartungen mit SAP S/4HANA vertraut machen. Im Idealfall haben Sie bereits Erfahrungen mit SAP EAM und möchten die Prozesse mit browserbasierten Fiori-Apps kennenlernen. Der Vorteil dieser Apps liegt darin, dass Sie eine Wartung oder Kalibrierung ohne Zugang zu einem PC durchführen können. Ein internetfähiges Tablet oder Smartphone genügt.

Gliederung des Buches

Kapitel 1 bietet eine kurze Einleitung zur Instandhaltung in SAP. Außerdem werde ich Ihnen die Organisations- und Anlagenstrukturierung näherbringen. Darunter sind die Basisdaten zu verstehen, mit denen die Prozesse der Instandhaltung abgebildet werden. Beispiele für diese Basisdaten sind technische Plätze und Equipments.

In Kapitel 2 beschreibe ich die einzelnen, zur Anlagenstrukturierung notwendigen technischen Objekte im Detail und erkläre, wie diese mit Fiori-Apps anzulegen sind. Daneben erläutere ich auch, warum es nützlich sein kann, für Equipments und technische Plätze Stücklisten anzulegen.

In Kapitel 3 gehe ich auf den am häufigsten eingesetzten Prozess der Instandhaltung ein: die vorbeugende Instandhaltung. Darüber hinaus erkläre ich Ihnen die Sofortinstandsetzung und die Kalibrierung von Mess- und Prüfmitteln.

Im abschließenden Kapitel 4 befassen wir uns mit der Integration der Instandhaltung in andere Module.

In den Text sind Kästen eingefügt, um wichtige Informationen besonders hervorzuheben. Jeder Kasten ist zusätzlich mit einem Piktogramm versehen, das diesen genauer klassifiziert:

Hinweis

Hinweise bieten praktische Tipps zum Umgang mit dem jeweiligen Thema.

Beispiel

Beispiele dienen dazu, ein Thema besser zu illustrieren.

Achtung

Warnungen weisen auf mögliche Fehlerquellen oder Stolpersteine im Zusammenhang mit einem Thema hin.

Die Form der Anrede

Um den Lesefluss nicht zu beeinträchtigen, wird im vorliegenden Buch bei personenbezogenen Substantiven und Pronomen zwar nur die gewohnte männliche Sprachform verwendet, meine aber gleichermaßen Personen weiblichen und diversen Geschlechts.

Hinweis zum Urheberrecht

Sämtliche in diesem Buch abgedruckten Screenshots unterliegen dem Copyright der SAP SE. Alle Rechte an den Screenshots hält die SAP SE. Der Einfachheit halber haben wir im Rest des Buches darauf verzichtet, dies unter jedem Screenshot gesondert auszuweisen.

1 Elemente der Instandhaltung

Dieses Kapitel beschäftigt sich mit den Geschäftsprozessen oder Elementen, die ich als den Kern der Instandhaltung bezeichnen möchte. Ich werde im Verlauf dieses Buches die einzelnen Elemente näher beschreiben und mit Prozessbeispielen erklären.

Der Instandhaltung können wir vier Elemente zuordnen, die sich in SAP EAM (früher SAP PM oder SAP IH) als Instandhaltungsprozesse wiederfinden:

- Inspektion
- Wartung
- Instandsetzung
- Verbesserung

Mithilfe der *Inspektion* wird der aktuelle technische Zustand des Geräts beurteilt. Liegt bereits eine Abnutzung vor, kann in diesem Schritt die Ursache bestimmt werden.

In der *Wartung* werden Geräte turnusmäßig geprüft und ggf. Maßnahmen ergriffen, um den Erhalt der Funktionsfähigkeit sicherzustellen.

Durch die *Instandsetzung* wird im Fall einer Störung bzw. Fehlfunktion die vollständige Betriebsbereitschaft einer Anlage wiederhergestellt.

Die *Verbesserung* kann dazu dienen, die Zuverlässigkeit einer Anlage zu erhöhen, ohne dabei ihre ursprüngliche Funktion zu ändern.

Die Produktivität eines Unternehmens hängt u. a. von wirksamen Instandhaltungsprozessen ab. Im Allgemeinen wird zwischen drei Arten der Instandhaltung unterschieden:

1. *Korrigierende Instandhaltung*
   Diese wird unmittelbar nach der Entdeckung eines Fehlers oder Ausfalls eines Geräts durchgeführt, um größere Stillstandszeiten zu vermeiden.

2. *Vorbeugende Instandhaltung*
   Die vorbeugende Wartung von Maschinen und Prüfmitteln soll die Wahrscheinlichkeit eines Ausfalls auf ein Minimum reduzieren. Hierfür müssen vergangene Ausfälle gleichartiger Teile dokumentiert sein, um anhand dessen den Zeitraum zu bestimmen, in welchem eine vorbeugende Wartung durchgeführt werden sollte. Unter die vorbeugende Instandhaltung fällt auch die zustandsorientierte Instandhaltung, die mittels ständiger Überprüfungen (z. B. durch Erstellung von Messpunkten und Auslesung von Zählerständen) einen Ausfall des Geräts vermeiden soll.

3. *Vorausschauende Instandhaltung*
   Diese recht junge Art der Instandhaltung ist ein Kernprozess der Industrie 4.0. Sie grenzt sich deutlich von der korrigierenden und der vorbeugenden Instandhaltung ab.
   Die auf diese Weise gewarteten Maschinen liefern ständig große Datenmengen, die separat erfasst und ausgewertet werden. Daraus wird der optimale Zeitpunkt einer Wartung auf Basis der Eintrittswahrscheinlichkeit einer Störung oder gar eines Ausfalls berechnet.

1.1 Organisationseinheiten

In diesem Abschnitt gehe ich auf die wichtigsten Organisationseinheiten ein, die für das Arbeiten mit SAP EAM benötigt werden. Darunter verstehen wir das Werk und den Lagerort, den Kostenrechnungs- und Buchungskreis oder auch die Instandhaltungsarbeitsplätze.

Einige Organisationseinheiten (z. B. Buchungskreis, Kostenrechnungskreis, Werk) werden zwar über andere SAP-Module eingerichtet und gepflegt (Controlling, Materialwirtschaft), sind für SAP EAM aber von zentraler Bedeutung und müssen bei der Einführung des Moduls »Instandhaltung« an die Bedürfnisse der SAP-Instandhaltung angepasst werden. Wie diese aussehen, kann ich hier nicht im Einzelnen beschreiben, da dies im Wesentlichen von den spezifischen Prozessen in Ihrem Unternehmen abhängt.

1.2 Das Werk

Die für die Instandhaltung wichtigste Organisationseinheit ist das Werk, das mehrere Funktionen erfüllt.

Wir unterscheiden:

1. *Planungswerk:* Hier werden die Wartungen und Instandhaltungen für unterschiedliche Werke vorbereitet und geplant.
2. *Standortwerk*: Dies bezeichnet das Werk, in dem sich die technischen Objekte (technische Plätze, Equipments) physisch befinden.

Sofern Sie zur Durchführung einer Wartung Ersatzteile benötigen, die lagermäßig im System erfasst sind, müssen Sie zu jedem Standortwerk auch mindestens einen Lagerort anlegen. In diesem werden zugekaufte Ersatzteile aufbewahrt und bei Bedarf von dort wieder abgebucht.

Die Werke werden immer in technischen Objekten (Equipments, technische Plätze) angelegt und von dort in Meldungen oder Aufträge kopiert.

Werke

Das Standortwerk eines Equipments muss immer zu dem des technischen Platzes passen, in dem das Equipment eingebaut ist. Das Planungswerk kann von Equipment zu Equipment variieren, auch wenn diese in demselben technischen Platz eingebaut sind (siehe Abbildung 2.27).

1.3 Arbeitsplatz

Arbeitsplätze sind Objekte im SAP-System, die immer einem Werk (Planungs- oder Instandhaltungswerk) zugeordnet sind. Über Arbeitsplätze wird die Verantwortung und Durchführung von Instandhaltungsmaßnahmen geregelt. Außerdem können Sie über ihn Einzelpersonen oder eine Personengruppe (z. B. eine Werkstatt) identifizieren. Einzelne Personen sollten jedoch nicht über den Arbeitsplatz gepflegt werden, da Sie diesen für die Kapazitätsplanung benötigen. Dafür ist es immer vorteilhaft, eine Abteilung in diese Planung einzubeziehen, damit sich eingeplante Kapazitäten auf mehrere Personen (in einer Abteilung) verteilen und es zu keinem Personalengpass kommt.

Arbeitsplatz

Sollten Sie trotzdem eine Person als Arbeitsplatz anlegen wollen: Beachten Sie dabei die entsprechenden Gesetze, ziehen Sie den Betriebsrat zurate und treffen Sie mit der Person eine entsprechende Vereinbarung. Diese Daten dürfen in Deutschland nicht zu Leistungsvergleichen herangezogen werden.

Planergruppen

Eine *Planergruppe* ist für die Planung und Bearbeitung von Instandhaltungsmaßnahmen zuständig. Es kann sich dabei um eine Abteilung, z. B. die zentrale Arbeitsvorbereitung, aber auch um einen Werkstattbereich bzw. um einzelne Personen handeln. Planergruppen werden pro Instandhaltungswerk angelegt und können sowohl zu technischen Plätzen als auch zu Equipments erstellt werden. Beim Einbau eines Equipments in einen technischen Platz wird u. a. auch die Planergruppe vom technischen Platz in das Equipment übernommen. Die Planergruppe muss zudem einer Wartungs- oder Instandhaltungsmaßnahme zugeordnet sein.

Standort

Im Feld STANDORT (siehe Abbildung 1.1) pflegen wir den Platz, an dem sich das technische Objekt physisch befindet, also beispielsweise ein Gebäude oder ein Raum. Ein *Standort* ist immer einem Standortwerk und damit einem Buchungskreis (Rechnungswesen) zugeordnet (siehe Abbildung 1.2). Diese Angaben werden in einem Equipment oder einem technischen Platz eingegeben. Der Standort wird im gleichnamigen Reiter, die Kontierungsdaten (Buchungskreis) werden unter ORGANISATION hinterlegt.

Abbildung 1.1: Standortdaten zum Equipment

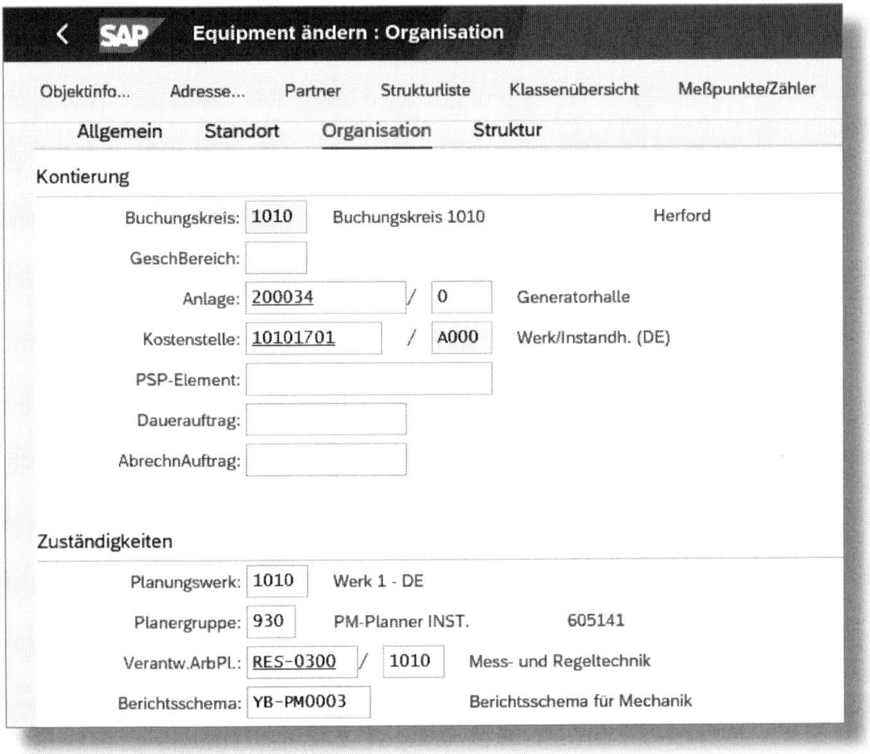

Abbildung 1.2: Zuordnung des Standorts zum Buchungskreis

2 Technische Objekte

SAP versteht unter technischen Objekten hauptsächlich den technischen Platz und das Equipment. In diesem Kapitel möchte ich die wichtigsten technischen Objekte und deren Bedeutung bzw. Einsatz im Bereich Instandhaltung näher beschreiben.

Technische Objekte in SAP können mithilfe zusätzlicher Elemente genau definiert werden. So ordnet beispielsweise die OBJEKTART das technische Objekt einer bestimmten Klasse zu (siehe Abbildung 2.1).

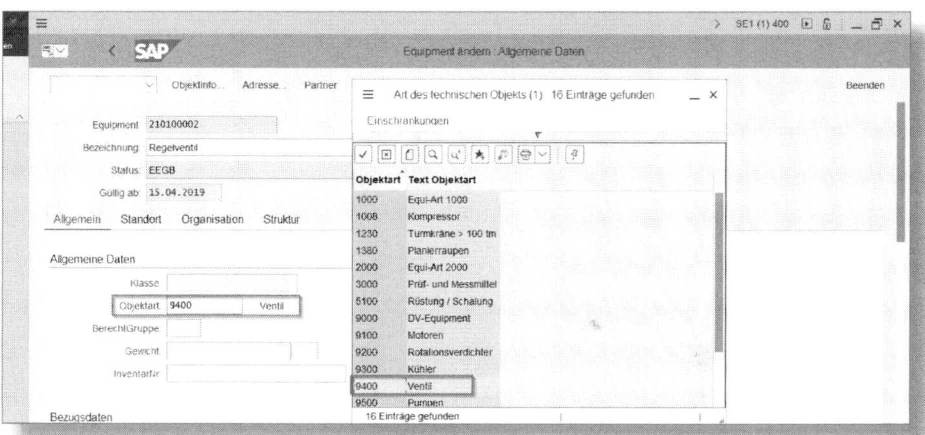

Abbildung 2.1: Objektart des Equipments

Um mit SAP EAM die Prozesse der Instandhaltung abbilden zu können, ist die Strukturierung Ihrer Anlagen von zentraler Bedeutung.

Die wichtigsten Bestandteile einer Anlagenstrukturierung sind:

- Technische Plätze
- Equipments

Technische Plätze sind der »Kopf«, also das oberste Element einer zumeist immobilen Anlage, wie sie etwa in der Chemie oder in anderen Großindustrien zu finden sind. Sie können strukturiert werden, um mehrere zusammengehörende Anlagen gemeinsam abzubilden (siehe Abbildung 2.11).

Equipments sind dagegen einzelne, meist mobile Aggregate, die in einem technischen Platz eingebaut sein können.

Ist ein technischer Platz einem Standortwerk zugeordnet, können die eingebauten Equipments keinem anderen Standortwerk zugeordnet sein.

Diese Bestandteile beschreibe ich in den folgenden Abschnitten genauer.

2.1 Technischer Platz

Soll ein technischer Platz angelegt werden, wählen Sie die Fiori-App »Technisches Objekt anlegen« (siehe Abbildung 2.2).

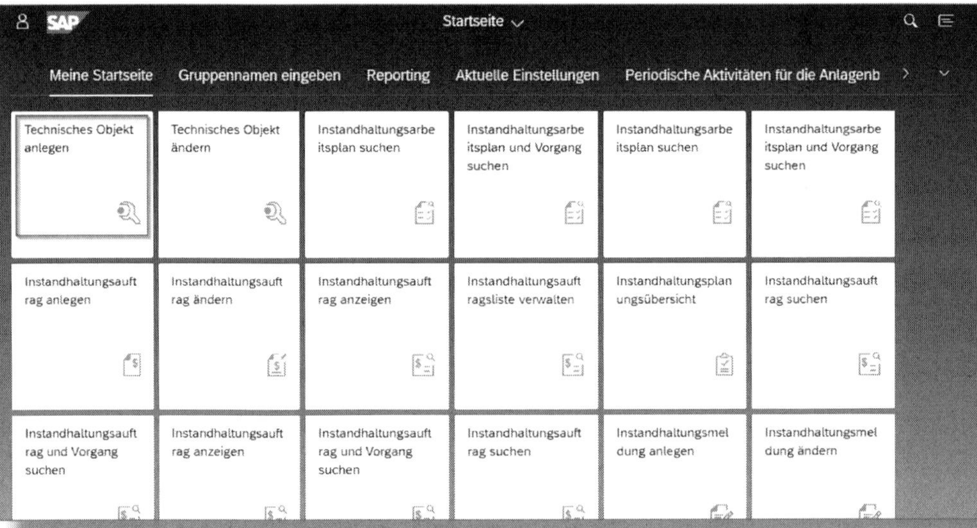

Abbildung 2.2: Übersicht der zugeordneten Apps

Der Vorteil dieser App ist, dass damit sowohl technische Plätze als auch Equipments angelegt werden können. Hierfür wählen Sie in der Einstiegsmaske zwischen den beiden technischen Objekten (siehe Abbildung 2.3); das System zeigt danach die jeweils erforderlichen Felder.

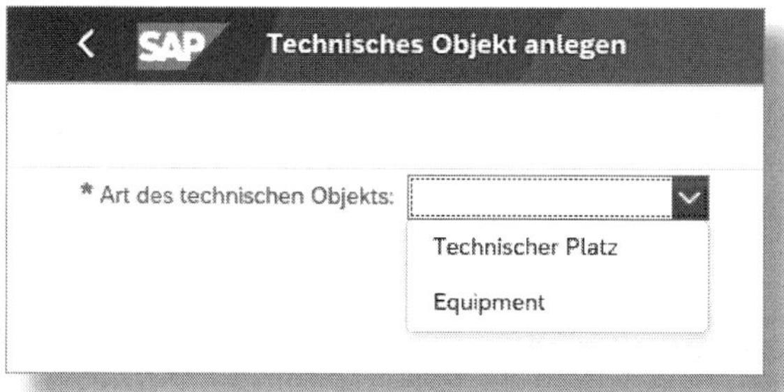

Abbildung 2.3: Anzulegendes Objekt – Auswahl

Wir entscheiden uns für die Option Technischer Platz und werden zur Einstiegsmaske für das Anlegen dieses Objekttyps weitergeleitet (siehe Abbildung 2.4).

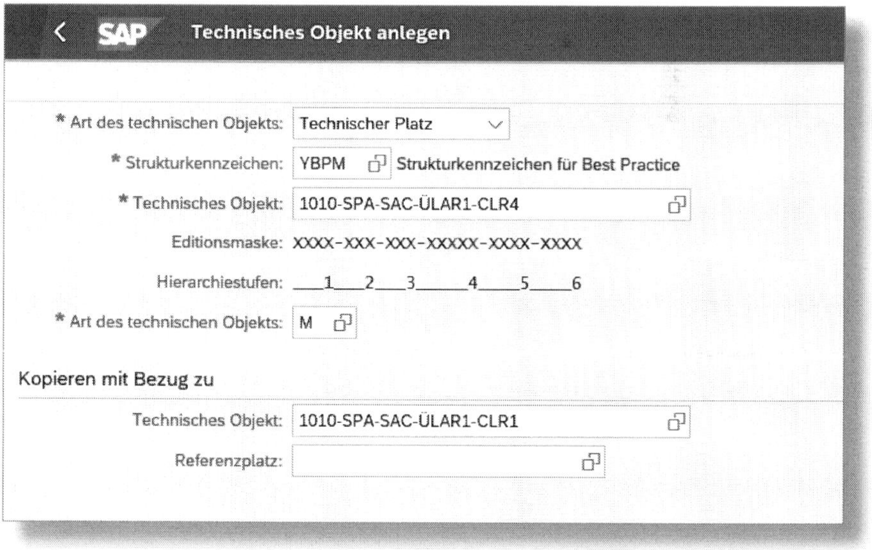

SAP Technisches Objekt anlegen

* Art des technischen Objekts: Technischer Platz
* Strukturkennzeichen: YBPM Strukturkennzeichen für Best Practice
* Technisches Objekt: 1010-SPA-SAC-ÜLAR1-CLR4
Editionsmaske: XXXX-XXX-XXX-XXXXX-XXXX-XXXX
Hierarchiestufen: 1 2 3 4 5 6
* Art des technischen Objekts: M

Kopieren mit Bezug zu

Technisches Objekt: 1010-SPA-SAC-ÜLAR1-CLR1
Referenzplatz:

Abbildung 2.4: Technischen Platz anlegen – Einstieg

Hier geben Sie alle notwendigen Daten ein (im Prinzip können Sie das im Einstieg ausgewählte technische Objekt auch noch ändern). Eine Erläuterung der wichtigsten Felder finden Sie in Tabelle 2.1.

Feldbezeichnung	Erläuterung
Strukturkennzeichen	Aufbau der Kennzeichnung des technischen Platzes. Hier können Sie z. B. die Hierarchieebenen festlegen.
Technisches Objekt	Hier bestimmen Sie die Kennzeichnung des technischen Platzes.
Editionsmaske	Beschreibt den Aufbau der Kennzeichnung des technischen Platzes. Normalerweise besteht eine Editionsmaske aus mehreren Zeichenblöcken, die z. B. durch Bindestriche getrennt sind. Überschreiten Sie bei der Eingabe der Kennzeichnung die Länge eines dieser Blöcke, werden die zu viel genannten Zeichen dem nächsten Block zugeschlagen.
Hierarchiestufen	Diese unterteilen ein technisches Objekt (hier: technischer Platz) in Stufen. Jeder Block der Editionsmaske entspricht einer Hierarchieebene, die fortlaufend einstellig mit Ziffern angegeben werden. Stufe 10 wird dann als 0 dargestellt, 11 als 1.
Art des technischen Objekts	Typ des technischen Platzes. Damit steuern Sie z. B. die zugeordneten Reiter, Felder und Objekte.
Kopieren mit Bezug zu … Technisches Objekt	Sie können vorhandene technische Plätze kopieren. Es werden alle Informationen aus dem Vorlageobjekt in das neue Objekt übernommen, Änderungen müssen dann im neuen Stammsatz (hier: technischer Platz) manuell nachgezogen werden.

Feldbezeichnung	Erläuterung
KOPIEREN MIT BEZUG ZU … REFERENZPLATZ	Sie können Referenzplätze anlegen, die nur als Kopiervorlage genutzt werden. Dies eignet sich insbesondere für technische Plätze, deren Grunddaten mit vielen anderen technischen Plätzen identisch sind. Referenzplätze enthalten keine Standort- und Organisationsdaten. Auch können keine Equipments eingebaut werden.

Tabelle 2.1: Felder des Einstiegsbildes zum Anlegen eines technischen Platzes

Struktur des technischen Platzes

Diese Struktur wird über ein Strukturkennzeichen festgelegt, das die Logik zur Benennung eines technischen Platzes abbildet und der eindeutigen Identifizierung dient. In Abbildung 2.5 sind sechs Hierarchieebenen erlaubt. Über die Einstellungen der Editionsmaske wird die Anzahl der erforderlichen Zeichen pro Hierarchiestufe geregelt. Ebenso wird bestimmt, ob es sich um Buchstaben oder Zahlen handeln darf (in Abbildung 2.5 durch das Zeichen »X« angezeigt). Sollen nur Zahlen erlaubt sein, wird anstelle des »X« ein »N« eingesetzt, bei Buchstaben wird ein »A« verwendet.

Strukturkennz.: YBPM
Text: Strukturkennzeichen für Best Practice

Struktur

*Editionsmaske: XXXX-XXX-XXX-XXXXX-XXXX-XXXX
*HierarchieEbn: 1 2 3 4 5 6

Abbildung 2.5: Technischer Platz – Struktur (Customizing)

Nach Eingabe der benötigten Daten kommen Sie mit Klick auf **Weiter** zu den Detailangaben des technischen Platzes (der komplette Bildschirm ist zur besseren Lesbarkeit in Abbildung 2.6 und Abbildung 2.7 aufgeteilt).

Abbildung 2.6: Technischen Platz anlegen – Detailsicht oben

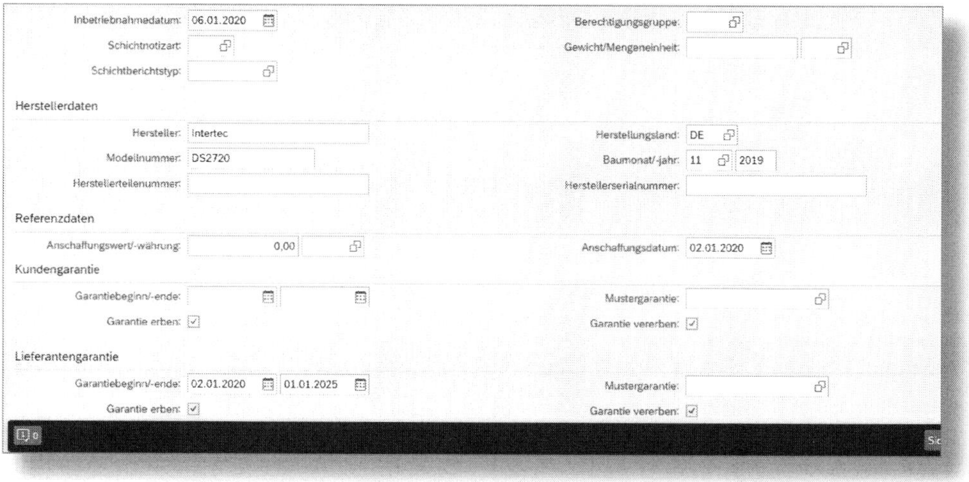

Abbildung 2.7: Technischen Platz anlegen – Detailsicht unten

Unter ALLGEMEINE DATEN können Sie zunächst im Freitextfeld LANGTEXT eine Beschreibung des technischen Platzes eingeben. Dies, wie auch alle anderen Felder in dieser Sicht, ist keine Pflichtangabe; es empfiehlt sich jedoch, das technische Objekt so genau wie möglich zu beschreiben, um gleichartige Objekte voneinander unterscheiden zu können, speziell wenn diese in derselben Anlage verbaut sind.

Wenn Sie in der Einstiegsmaske einen technischen Platz als Vorlage kopiert haben, werden alle Daten des kopierten Objekts in das neue übernommen und hier angezeigt.

In der nächsten Sicht (siehe Abbildung 2.8) geben Sie die STANDORTDATEN des technischen Platzes ein. Wenn ein Equipment diesem technischen Platz zugeordnet wird, werden alle Standortdaten, die noch nicht in das Equipment eingepflegt wurden, an dieses vererbt. Wird ein bereits komplett angelegtes Equipment dem technischen Platz zugeordnet, müssen diese Daten manuell vom technischen Platz an das Equipment übertragen werden.

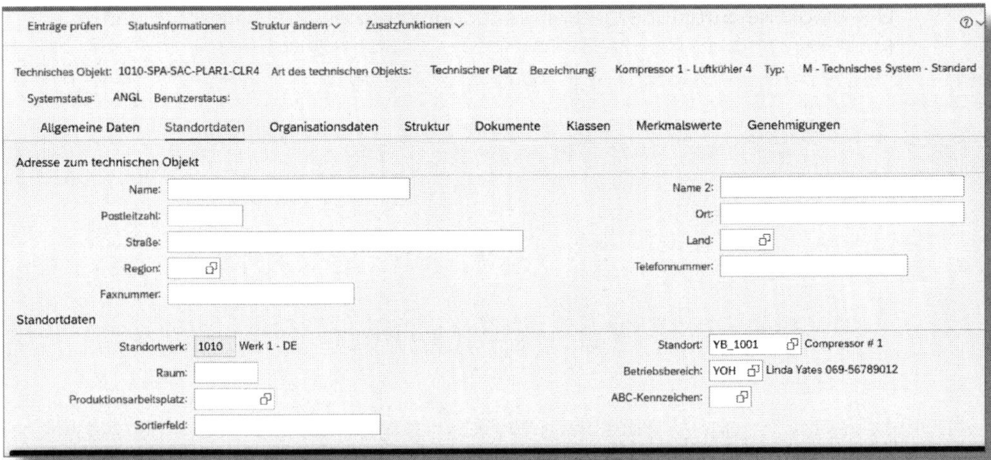

Abbildung 2.8: Technischer Platz – Standortdaten

Über die ORGANISATIONSDATEN auf dem nächsten Reiter (siehe Abbildung 2.9) erfassen Sie die Zuständigkeiten und finanztechnischen Daten. Auch sie werden an eingebaute Equipments und technische Plätze übergeben, die zu dieser Struktur gehören.

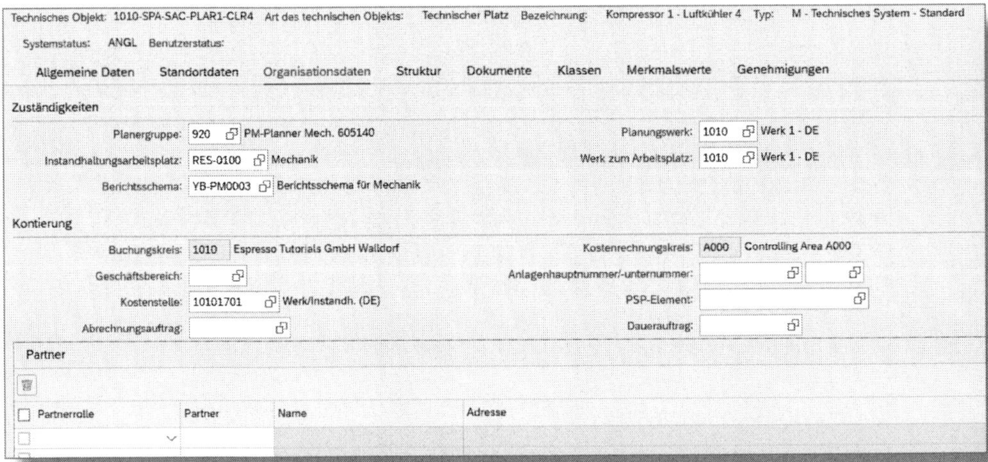

Abbildung 2.9: Organisationsdaten

Die mögliche Strukturierung eines technischen Platzes wird im nächsten Reiter STRUKTUR angezeigt (siehe Abbildung 2.10).

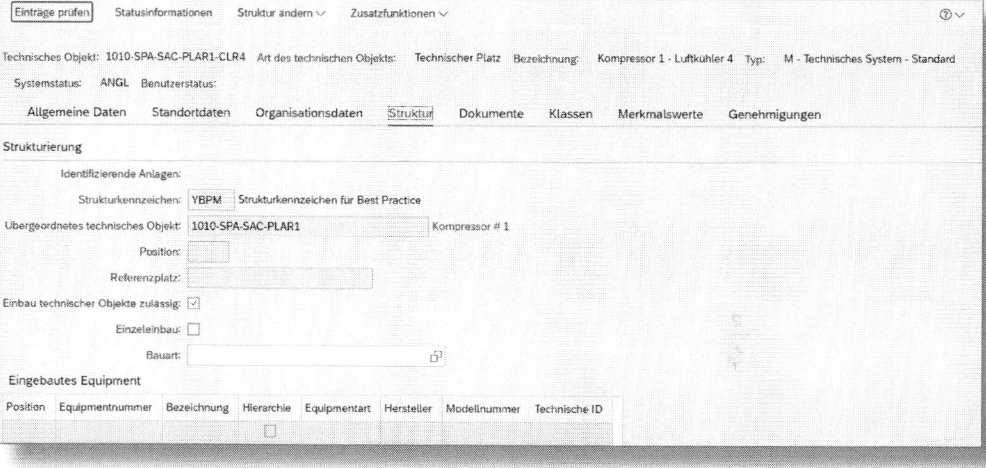

Abbildung 2.10: Technischer Platz – Strukturaufbau

Dieser Reiter zeigt an, zu welchem übergeordneten technischen Objekt der technische Platz gehört. Sofern Equipments in den technischen Platz eingebaut sind, werden diese ebenfalls in diesem Reiter angezeigt.

Die Struktur ergibt sich aus der hierarchischen Verknüpfung mehrerer technischer Plätze und dem Einbau eines oder mehrerer Equipments in diesen technischen Plätzen.

Eine mögliche Hierarchie zeige ich Ihnen in der Strukturliste in Abbildung 2.11 bzw. etwas später in Abbildung 2.27 und Abbildung 2.37.

Abbildung 2.11: Technischer Platz – Strukturliste

Strukturdarstellung

Eine Struktur enthält sowohl technische Plätze als auch eingebaute Equipments. Diese sind zur besseren Unterscheidung in verschiedenen Farben abgebildet. Die Struktur rufen Sie am besten über die GUI-Transaktion *IH01* – Strukturdarstellung auf. Es gibt in der Fiori-App »Information Center: Stammdaten« (siehe Abbildung 2.12) zwar eine ähnliche Auflistung, diese ist aber weniger informativ als die GUI-Transaktion.

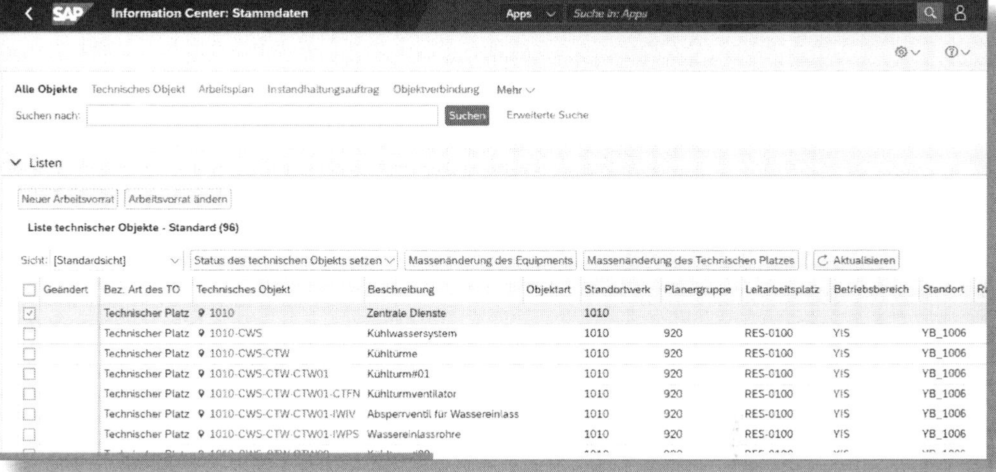

Abbildung 2.12: Information Center – Stammdaten

Mit einem technischen Objekt können Sie Dokumente verknüpfen (siehe Abbildung 2.13). Das kann u. a. hilfreich sein, wenn Sie technische Spezifikationen, Garantiebedingungen etc. zum technischen Platz hinterlegen möchten.

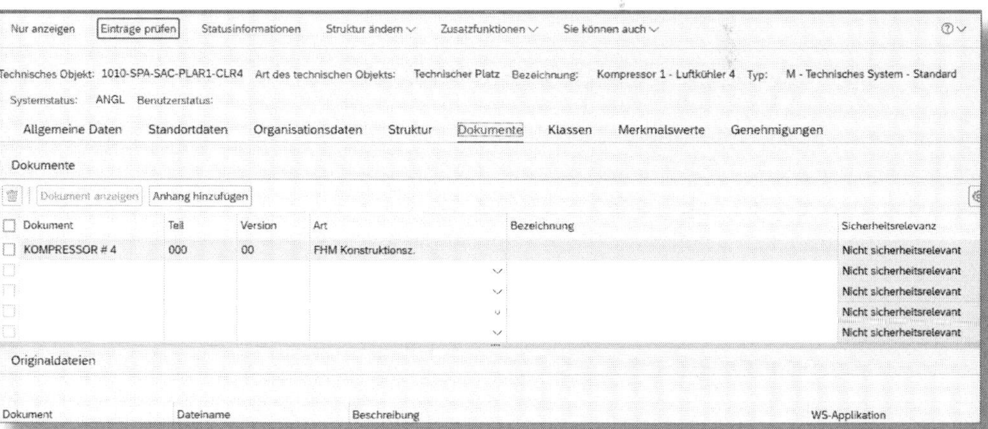

Abbildung 2.13: Zuordnung von Dokumenten zum technischen Platz

Verknüpfte Dokumente

Verknüpfte Dokumente müssen vorher in der Dokumentenverwaltung Ihres SAP-Systems angelegt und archiviert sein. Eine Änderung des Dokuments aus der Anwendung (hier: technischer Platz) ist nicht möglich.

Wird eine neue Version des Dokuments erzeugt, wird diese automatisch dem Objekt zugeordnet.

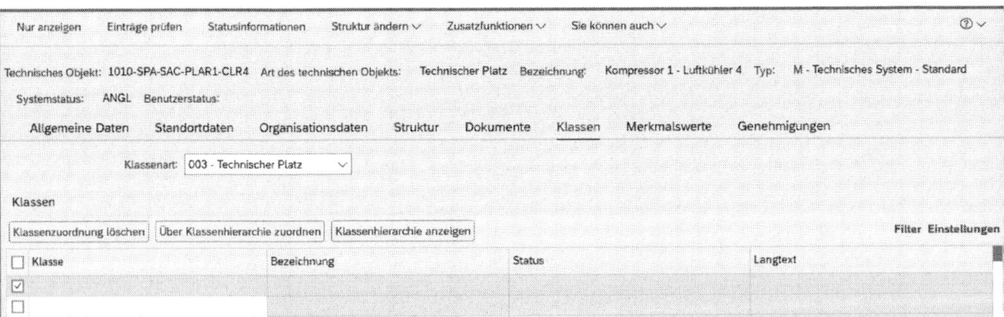

Abbildung 2.14: Klassifizierung des technischen Platzes

Technische Objekte können Sie im Reiter Klassen nach bestimmten Eigenschaften einordnen. So lassen sie sich später anhand der in den Merkmalen zur Klasse hinterlegten Eigenschaften über eine SAP-Suchmaschine auffinden. Außerdem können hier Informationen hinterlegt werden, für die in den regulären Screens/Views kein Feld vorgesehen ist, die aber für Reports benötigt werden.

2.2 Equipment

Unter Equipments versteht man einzelne Inventare, die oftmals einen mobilen Charakter haben und als alleinstehende Aggregate oder als Einbauten in technischen Plätzen verwendet werden können.

Beispiel für Equipments:

- Maschinen
- IT-Inventar
- Fertigungshilfsmittel (Werkzeuge)
- Prüf- oder Messmittel
- Produktionshilfsmittel

Ein Equipment legen Sie an, wenn Sie z. B.:

- dieses in einen technischen Platz einbauen und eine Einsatzhistorie aufzeichnen,
- Meldungen, Wartungspläne und Wartungsaufträge eröffnen möchten,
- Nachweise über Instandhaltungsmaßnahmen erbringen müssen,
- Kalibrierungen oder Prüfungen an einem Gerät durchführen müssen.

Equipments können als *Materialstamm* angelegt und geführt werden. Dadurch ist es möglich, den Bestand der Equipments zu prüfen oder auch das Equipment über die Einkaufsfunktion der SAP zu erwerben.

Anlage eines Equipments

Die Anlage eines Equipments erfolgt analog zu dem in Abschnitt 2.1 (Technischer Platz) beschriebenen Ablauf.

Zur Verdeutlichung der unterschiedlichen Möglichkeiten der Anlage eines technischen Objekts wähle ich hier die Anlage des Equipments über eine HTML-App, die auf die SAP-GUI-Transaktion für »Equipment anlegen« verweist (siehe Abbildung 2.15).

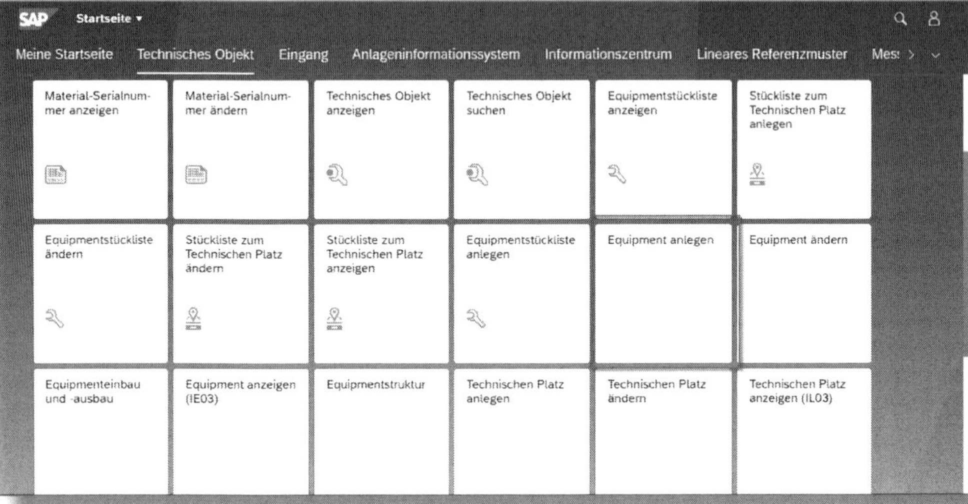

Abbildung 2.15: Equipment anlegen

Nach Klick auf diese Kachel erreichen Sie das Einstiegsbild zur Anlage des Equipments (siehe Abbildung 2.16).

SAP Equipment anlegen : Einstieg

Mehr

Equipment:

Gültig am: 27.02.2020

* Equipmenttyp: M Maschinen

Vorlage

Equipment:

Material:

Abbildung 2.16: Equipment anlegen – Einstieg

Auf diesem Einstiegsbild ist nur die Eingabe des EQUIPMENTTYPS erforderlich. Damit differenzieren Sie zwischen der Verwendung des Equipments. Zum Equipmenttyp sind auch Eingabemasken im Customizing hinterlegt.

Equipmenttypen können Sie für Ihre Anwendungen individuell über Customizing-Einstellungen anpassen (siehe Abbildung 2.17).

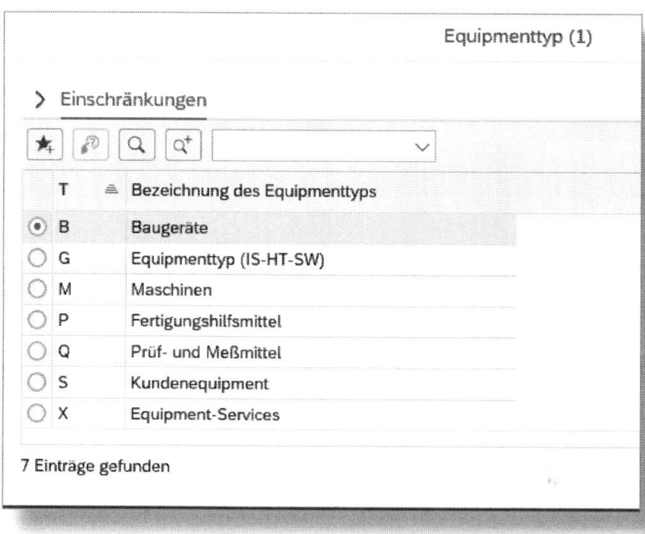

Abbildung 2.17: Beispiel für Equipmenttypen

Abbildung 2.18: Allgemeine Daten zum Equipment

Im ersten Reiter, zu dem Sie beim Anlegen eines Equipments und der Eingabe des Equipmenttyps gelangen, können allgemeine Daten eingegeben werden, etwa zum Anschaffungsdatum und -Wert oder zum Lieferanten (siehe Abbildung 2.18 und Abbildung 2.19).

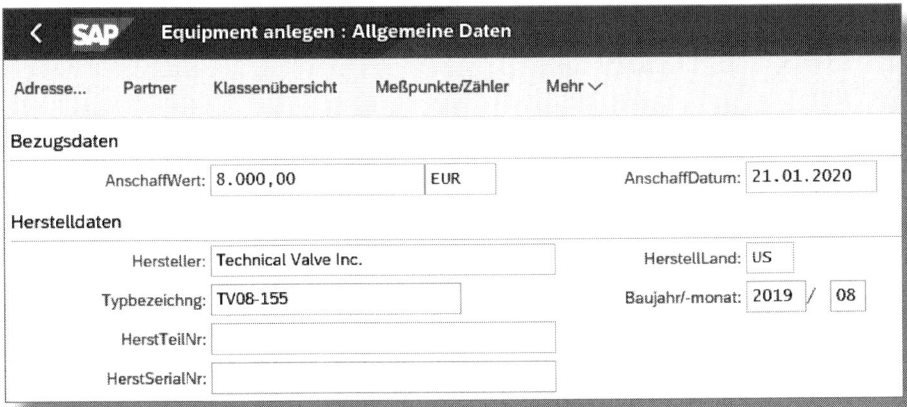

Abbildung 2.19: Allgemeine Daten zum Equipment – Hersteller

Unter dem Reiter Standort können Sie alle Daten eintragen, die zur Identifikation des Standorts des Equipments notwendig sind (siehe Abbildung 2.20).

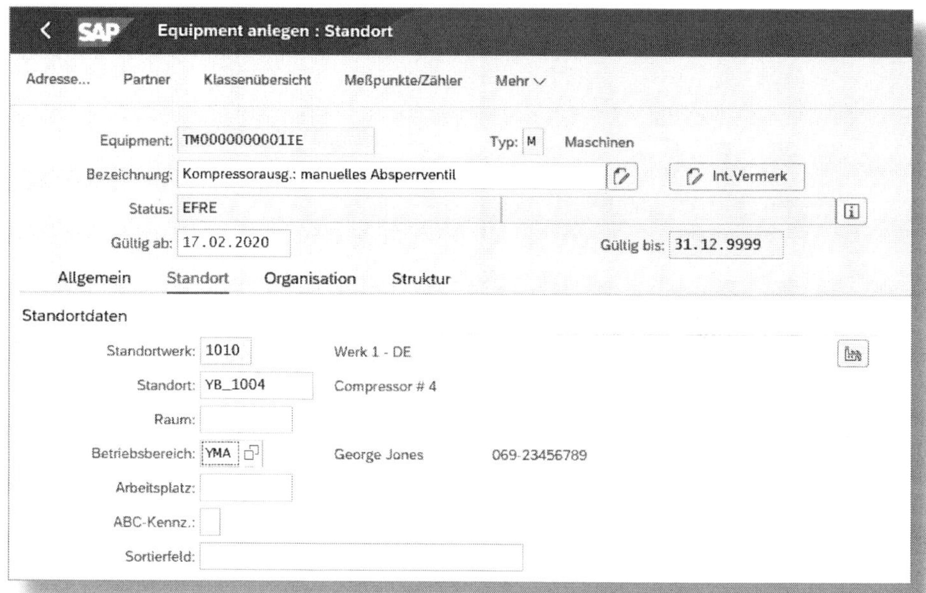

Abbildung 2.20: Equipment – Standortdaten

Der Reiter Organisation im Equipmentstammsatz enthält alle organisatorischen Daten wie Zuständigkeiten, Kontierung und ggf. Partner, die für das Equipment wichtig sein können (siehe Abbildung 2.21 und Abbildung 2.22). Ein Partner kann z.B. die Instandhaltungsabteilung oder die zuständige Q-Abteilung sein. Auch einzelne Personen (Verantwortliche) können als Partner hinterlegt werden. Jeder Partner ist einer im Customizing festgelegten Partnerrolle zugeordnet.

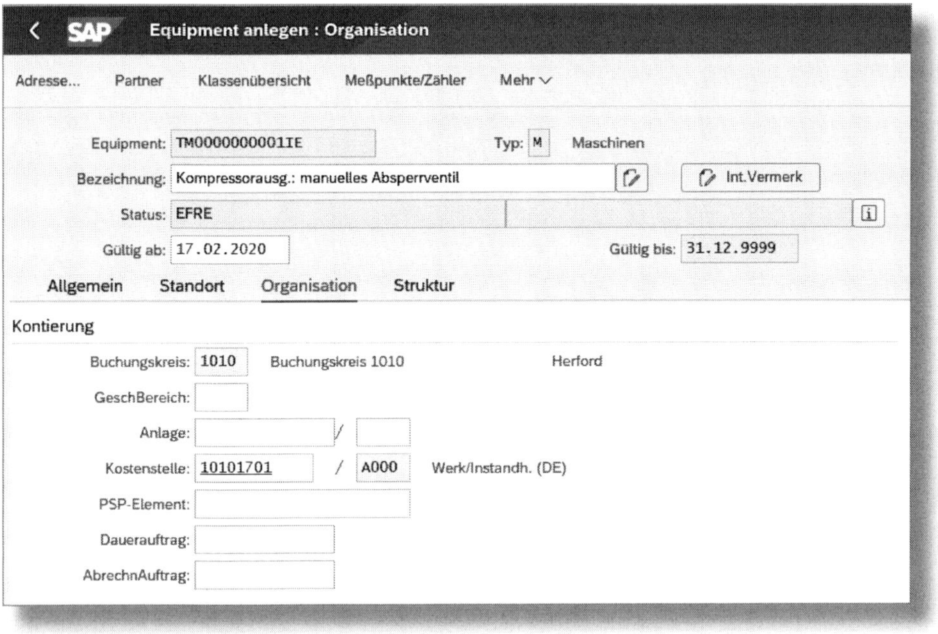

Abbildung 2.21: Equipment – Organisationsdaten

Abbildung 2.22: Organisationsdaten – Zuständigkeiten

Im Reiter STRUKTUR (siehe Abbildung 2.23) ist ersichtlich, in welchen technischen Platz dieses Equipment eingebaut ist. In ein Equipment können auch andere Equipments integriert sein (siehe Abbildung 2.23).

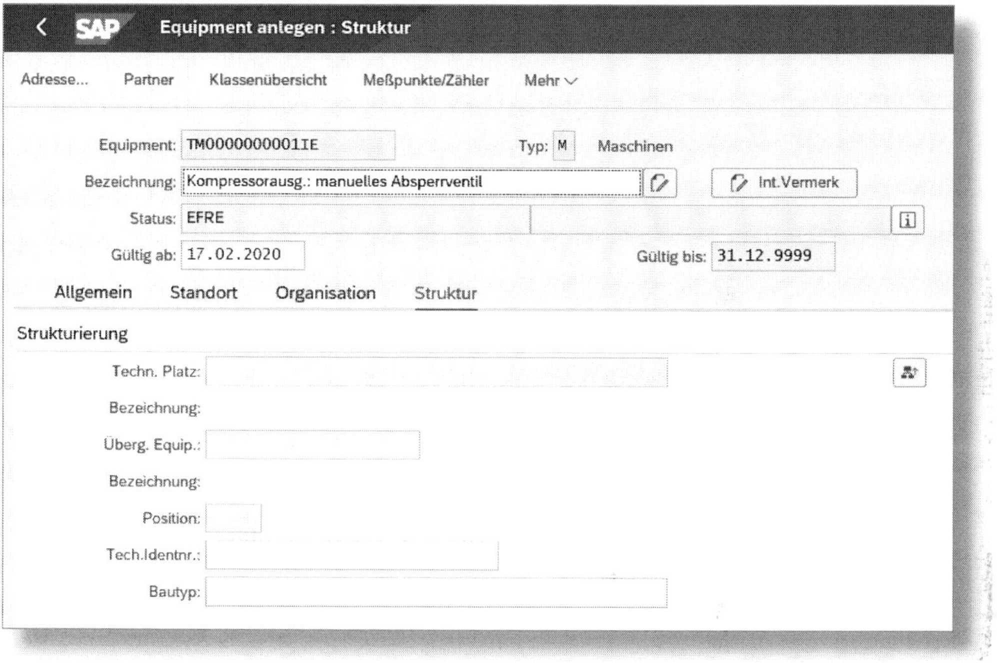

Abbildung 2.23: Struktur eines Equipments

Über den Button  können Sie einen technischen Platz aussuchen, in den das Equipment eingebaut werden soll (siehe Abbildung 2.24).

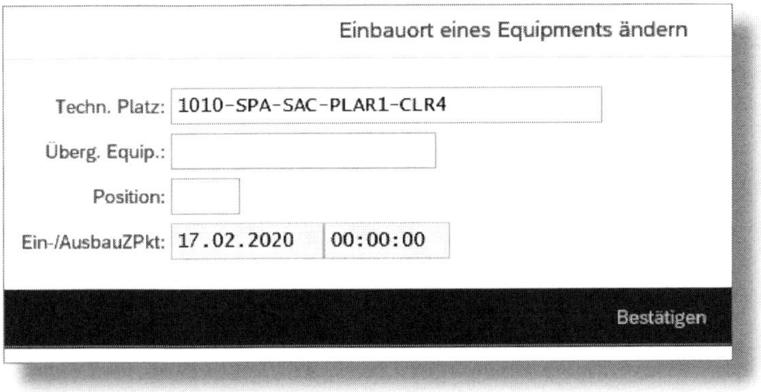

Abbildung 2.24: Einbauort für das Equipment wählen

Tragen Sie als technisches Objekt den oben angelegten technischen Platz, in unserem Beispiel *1010-SPA-SAC-PLAR1-CLR4*, ein. Auf diese Weise wird das Equipment diesem technischen Platz zugeordnet bzw. in diesen eingebaut (siehe Abbildung 2.11).

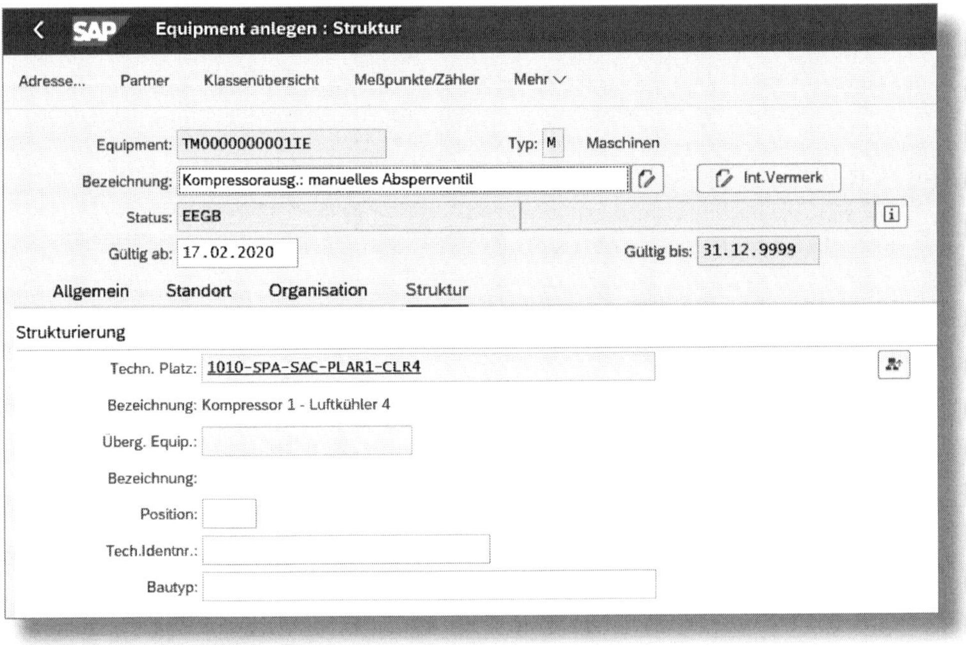

Abbildung 2.25: Eingebautes Equipment

Das Equipment ist jetzt dem technischen Platz zugeordnet (siehe Abbildung 2.25) und nach dem Sichern des Stammsatzes in der Struktur zu sehen (siehe Abbildung 2.27).

Sie können dem Equipment analog zum technischen Platz auch Partner zuordnen (siehe Abbildung 2.26). Hierzu wählen Sie in der Menüleiste beim Anlegen des Equipments den Button Partner.

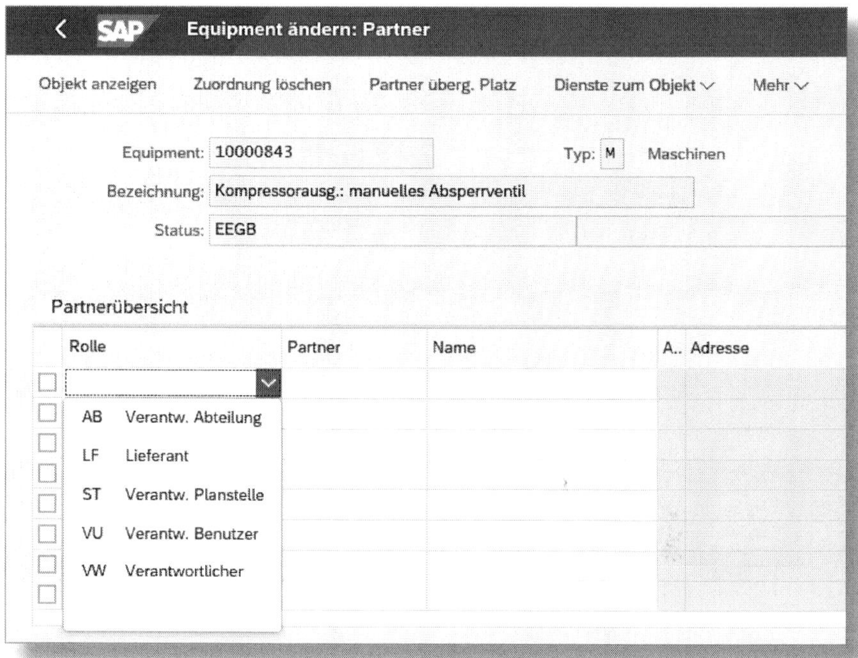

Abbildung 2.26: Partner zum Equipment anlegen

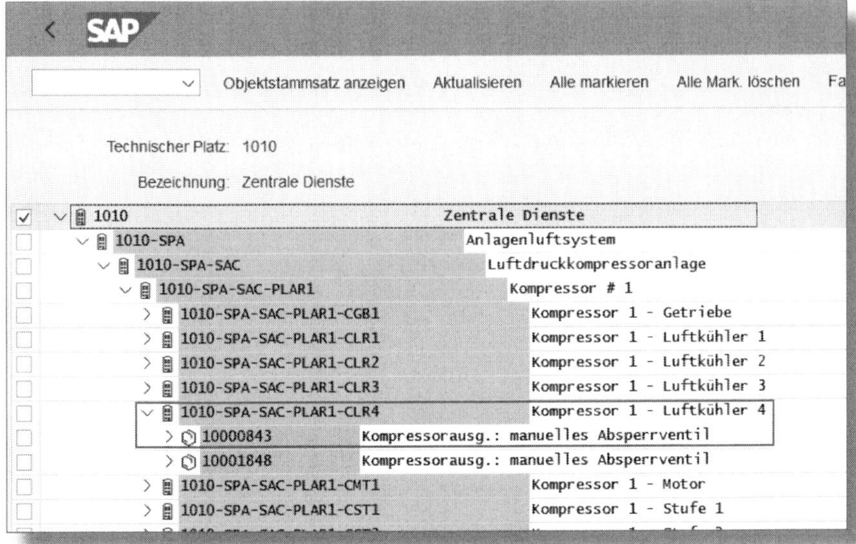

Abbildung 2.27: Struktur mit eingebautem Equipment

Struktur eines technischen Platzes

Sie können sich die Struktur eines technischen Platzes als ein Bürohaus vorstellen.

Das Haus mit vier Stockwerken stellt die oberste Ebene des technischen Platzes dar. Darin ist ein Aufzug als Equipment eingebaut. In diesem Equipment ist als weiteres Equipment eine Alarmanlage integriert.

Innerhalb des technischen Platzes »Bürohaus« befinden sich vier Stockwerke als eingebaute technische Plätze, in denen wiederum jeweils acht Büroräume als unterste Strukturebene des technischen Platzes »Bürohaus« liegen.

In den Stockwerken befinden sich als eingebaute Equipments Kaffeemaschinen, Toiletten, Leuchten etc. In den Büroräumen sind als Equipments Tische, Schränke, Computer verfügbar.

2.3 Fertigungshilfsmittel

Unter *Fertigungshilfsmitteln* versteht man in der Regel passive Betriebsmittel (»passiv« bedeutet hier, dass diese Betriebsmittel nicht selbstständig tätig werden können). Dabei kann es sich um Werkzeuge oder Prüf- und Messmittel handeln, im Speziellen beispielsweise um Drucker oder auch den Keilriemen einer Pumpe.

Sie können Fertigungshilfsmittel, wie in Abschnitt 2.2 bereits erwähnt, als »Material« anlegen. Es gibt auch die Möglichkeit, diese als »FHM – Fertigungshilfsmittel« anzulegen, dann sind jedoch weder eine Bestandsführung noch eine Beschaffung möglich.

Die dritte Variante der Anlage von Fertigungshilfsmitteln ist diejenige als »Dokument«. Auf diese Weise steht Ihnen die gesamte Funktionalität der SAP-Dokumentenverwaltung zur Verfügung. Da Sie aber jedem Equipment Dokumente zuordnen können, ist diese Variante eher selten zu finden.

In einem Produktions- oder Instandhaltungsauftrag können Sie Fertigungshilfsmittel *eigen- oder fremdbearbeiteten Vorgängen* zuordnen. Über diese Zuordnung legen Sie fest, zu welchen Terminen, in welcher Menge und mit welcher Einsatzzeit diese Hilfsmittel zur Durchführung eines Vorgangs in der Produktion eingesetzt werden.

Auch Prüfplänen im Modul *Qualitätsmanagement* können Sie Fertigungshilfsmittel zuordnen. Diese Zuordnung zeigt an, welche Hilfs- bzw. Prüfmittel in der Produktion oder der Qualitätskontrolle anzuwenden sind. Dies ist jedoch nur als Empfehlung zu betrachten, denn es erfolgt keine Prüfung, ob das Fertigungshilfsmittel tatsächlich eingesetzt wurde.

2.4 Stücklisten

Eine *Stückliste* ist ein vollständiges Verzeichnis aller Komponenten, die zu einem Produkt (oder einer Baugruppe) gehören.

Neben einer eindeutigen Bezeichnung der Komponenten (z. B. Material- oder Equipmentnummer) enthält eine Stückliste auch die Menge der Komponente und die Mengeneinheit. Jede Komponente kann wiederum eine eigene Stückliste haben, sodass mehrstufige Stücklistenstrukturen aufgebaut werden können.

Stücklisten werden in SAP nicht nur in der Instandhaltung, sondern auch als *Fertigungsstücklisten* in der Produktion, als *Kalkulationsstücklisten* im Controlling bzw. als *Kundenauftragsstücklisten* im Vertrieb genutzt.

2.4.1 Anlage einer Equipmentstückliste

Zum oben angelegten Equipment 10000843 (Abschnitt 2.2) möchte ich nun eine beispielhafte Komponentenstückliste anlegen. Anhand dieser Liste wird bei einer Wartung dieses Equipments der Bestand an notwendigen Komponenten geprüft. Die zur Wartung als Roh- oder Hilfsstoffe benötigten Komponenten werden in den Wartungsauftrag übernommen.

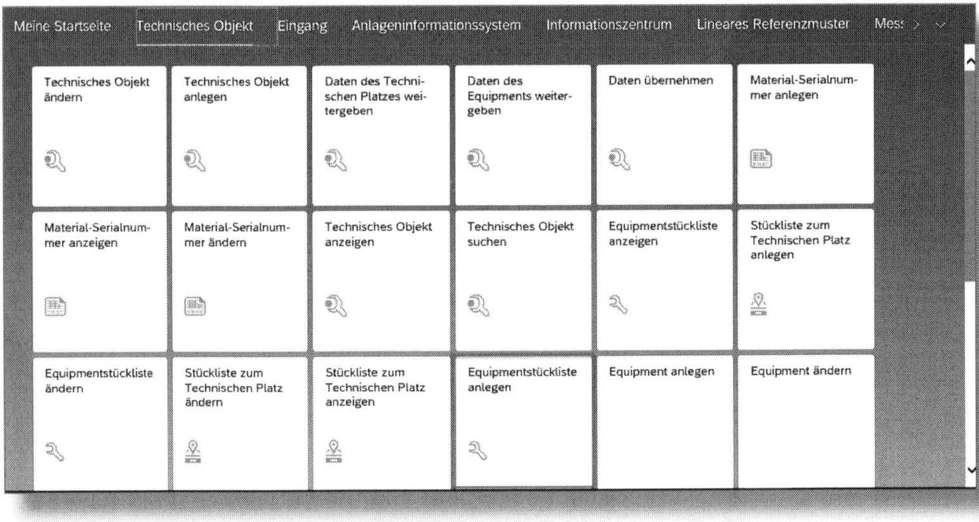

Abbildung 2.28: Equipmentstückliste anlegen

Über die Fiori-App »Equipmentstückliste anlegen« (siehe Abbildung 2.28) gelangen Sie zu der entsprechenden Eingabemaske (siehe Abbildung 2.29).

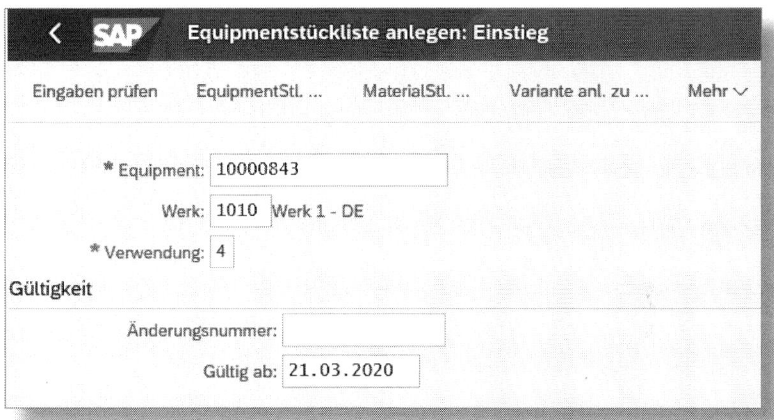

Abbildung 2.29: Equipmentstückliste anlegen – Einstieg

Geben Sie hier das EQUIPMENT ein, zu dem Sie eine Stückliste anlegen möchten (in unserem Beispiel das zuvor erstellte Equipment *10000843*). Die Eingabe des WERKS ist optional. Wenn Sie hier kein Werk eingeben, wird die Stückliste auf Konzernebene (also werksübergreifend) angelegt. Die VERWENDUNG ist ein Pflichtfeld. Hier legen Sie fest, in welchem Bereich diese Stückliste Anwendung findet (in unserem Beispiel *4* = Instandhaltung).

Die Verwendungen (siehe Abbildung 2.30) können im Customizing an Ihre Gegebenheiten angepasst werden.

Den Bereich GÜLTIGKEIT füllen Sie nur aus, wenn sie mit einer Änderungsnummer arbeiten und damit das GÜLTIG-AB-Datum in die Zukunft verschieben möchten.

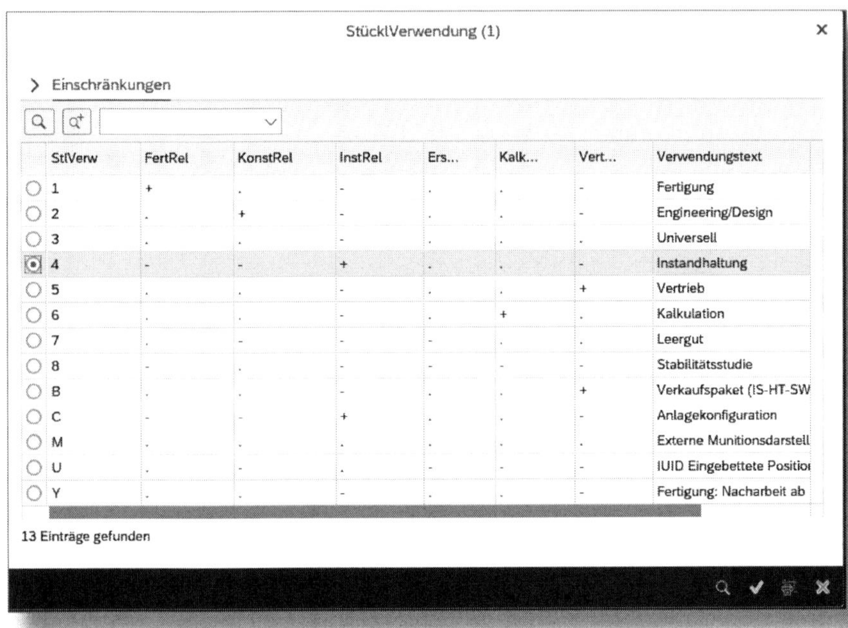

StlVerw	FertRel	KonstRel	InstRel	Ers...	Kalk...	Vert...	Verwendungstext
1	+	.	-	.	.	-	Fertigung
2	.	+	-	.	.	-	Engineering/Design
3	.	.	-	.	.	.	Universell
4	-	-	+	.	.	-	Instandhaltung
5	.	.	-	.	.	+	Vertrieb
6	.	.	-	.	+	.	Kalkulation
7	.	-	-	-	.	.	Leergut
8	-	.	-	-	-	-	Stabilitätsstudie
B	.	.	-	.	.	+	Verkaufspaket (IS-HT-SW
C	-	-	+	.	.	-	Anlagekonfiguration
M	.	.	.	.	.	.	Externe Munitionsdarstell
U	.	-	.	-	-	-	IUID Eingebettete Positio
Y	.	.	-	.	.	-	Fertigung: Nacharbeit ab

Abbildung 2.30: Stücklistenverwendungen (Customizing)

Nachdem Sie die Eingaben bestätigt haben, öffnet sich eine Übersicht der Komponenten, die in diesem Equipment verbaut wurden (siehe Abbildung 2.31).

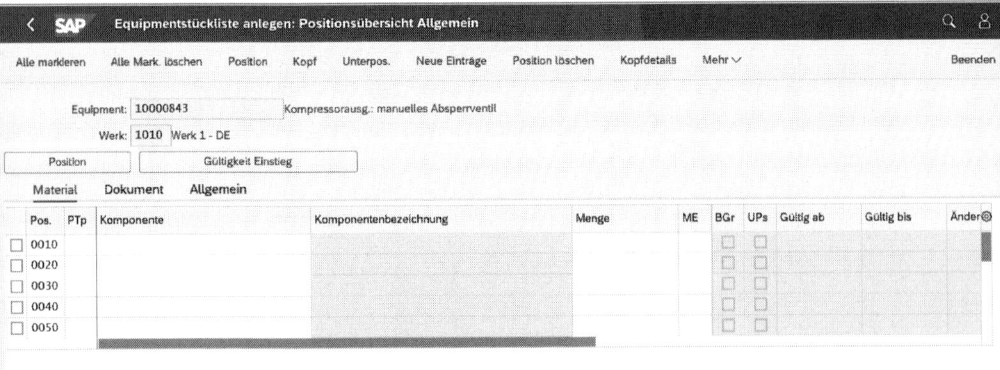

Abbildung 2.31: Positionsübersicht

In der Spalte PTp haben Sie die Möglichkeit, einen *Positionstyp* anzugeben (siehe Abbildung 2.32).

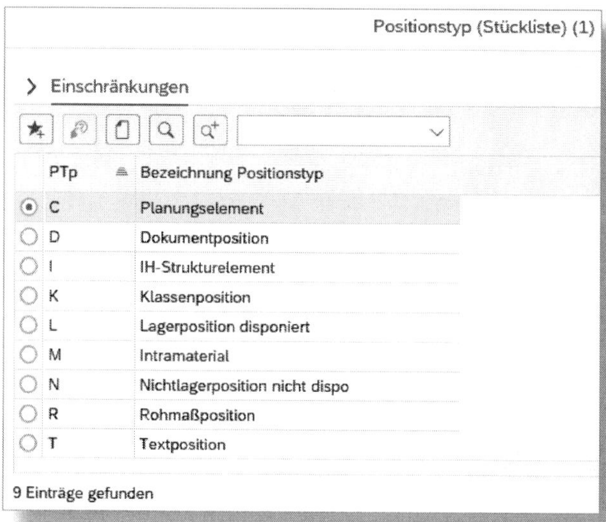
Positionstyp (Stückliste) (1)

> Einschränkungen

	PTp	Bezeichnung Positionstyp
◉	C	Planungselement
○	D	Dokumentposition
○	I	IH-Strukturelement
○	K	Klassenposition
○	L	Lagerposition disponiert
○	M	Intramaterial
○	N	Nichtlagerposition nicht dispo
○	R	Rohmaßposition
○	T	Textposition

9 Einträge gefunden

Abbildung 2.32: Auswahl Positionstyp

Beispielsweise werden mit Positionstyp »L« nur bestandsgeführte Materialien verwendet. Bei der Auswahl »D« können Sie Dokumente zuordnen und verwalten.

Ich ordne dieser Stückliste hier ausschließlich Materialien der Materialart ERSA (Ersatzteile) zu (siehe Abbildung 2.33 und Abbildung 2.34).

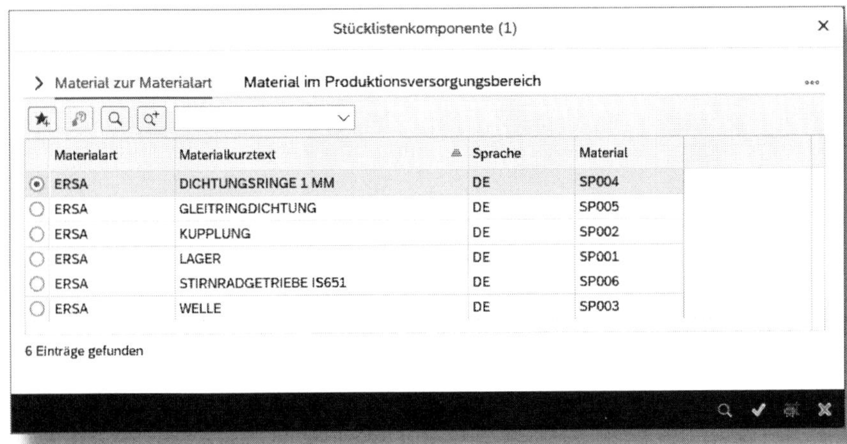

Abbildung 2.33: Auswahl von Komponenten zur Stückliste

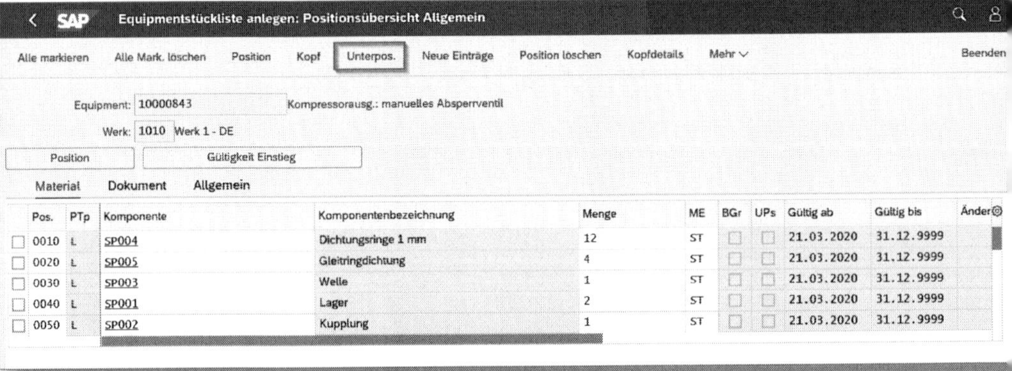

Abbildung 2.34: Stückliste mit Positionen

Über den Button **Unterpos.** in Abbildung 2.34 können Sie weitere Angaben zu einer einzelnen Position hinterlegen (siehe Abbildung 2.35).

Abbildung 2.35: Unterposition

Nachdem alle Eingaben getätigt worden sind, sichern Sie die Stückliste (siehe Abbildung 2.36).

Abbildung 2.36: Bestätigung der Anlage

Bei einem erneuten Aufruf der Struktur der technischen Plätze mit eingebauten Equipments werden jetzt die Stücklistenpositionen mit angezeigt (siehe Abbildung 2.37).

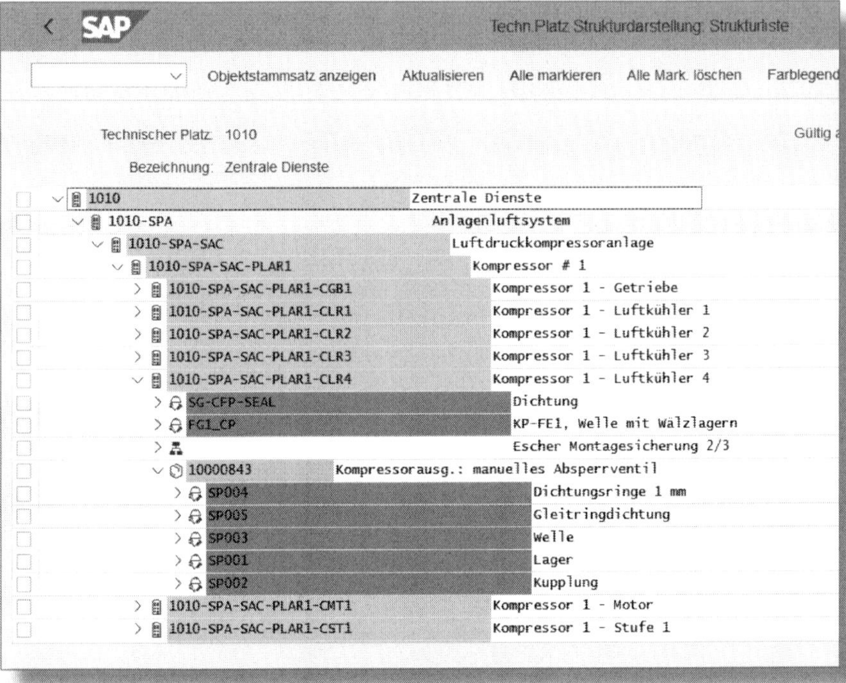

Abbildung 2.37: Technischer Platz – Struktur mit Stücklistenauflösung

2.4.2 Anlage einer Stückliste zum technischen Platz

Die Anlage einer Stückliste zum technischen Platz erfolgt analog zu derjenigen von Equipments.

Sie wählen die Kachel STÜCKLISTE ZUM TECHNISCHEN PLATZ ANLEGEN (siehe Abbildung 2.38).

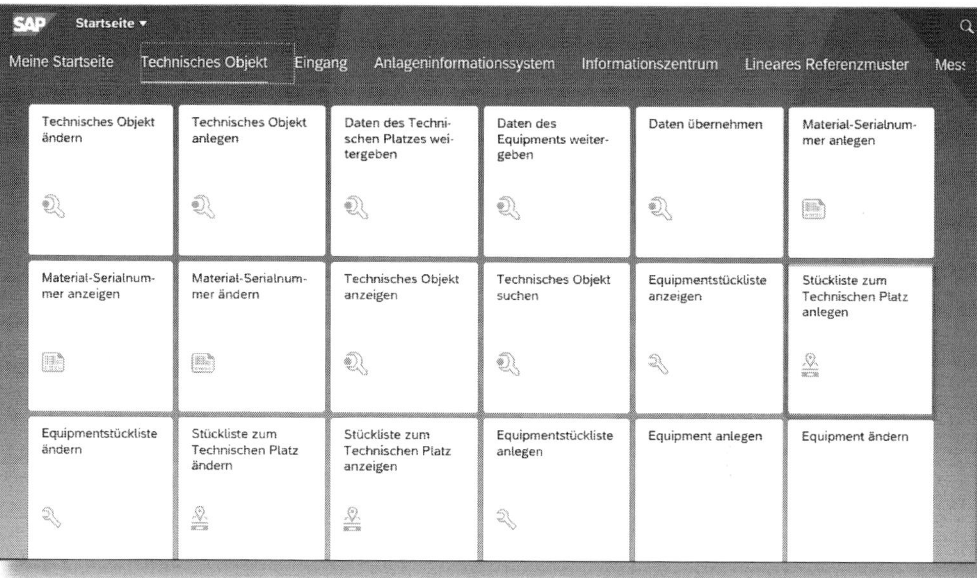

Abbildung 2.38: Stückliste zum technischen Platz

Im Einstiegsbild geben wir unseren zuvor angelegten technischen Platz *1010-SPA-SAC-PLAR1-CLR4* ein (siehe Abbildung 2.39).

SAP Stückliste für Technischen Platz anlegen: Einstieg

Eingaben prüfen | TechnPlatzStl. ... | MaterialStl. ... | Variante anl. zu ... | Mehr

* Techn. Platz: 1010-SPA-SAC-PLAR1-CLR4

Werk: 1010 Werk 1 - DE

* Verwendung: 4

Gültigkeit

Änderungsnummer:

Gültig ab: 21.03.2020

Abbildung 2.39: Stückliste zum technischen Platz anlegen – Einstieg

Mit Kick auf **TechnPlatzStl. ...** können Sie eine vorhandene Stückliste kopieren (siehe Abbildung 2.40).

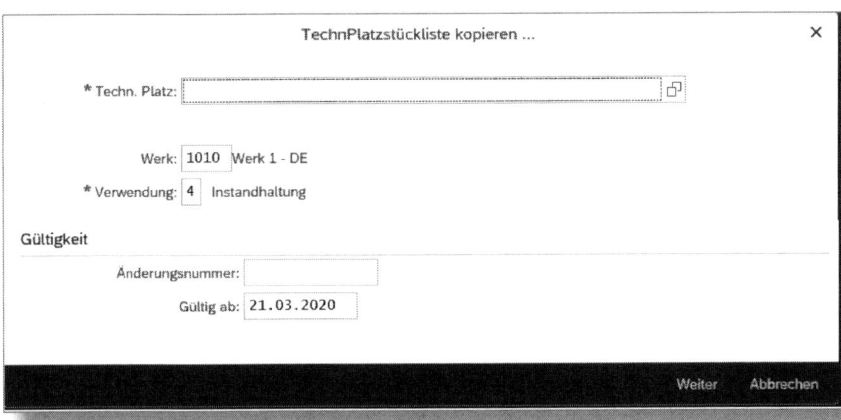

Abbildung 2.40: Stückliste zum technischen Platz kopieren

Möchten Sie keine Stückliste kopieren, klicken Sie auf die Eingabetaste, um die Positionsübersicht anzuzeigen (siehe Abbildung 2.41).

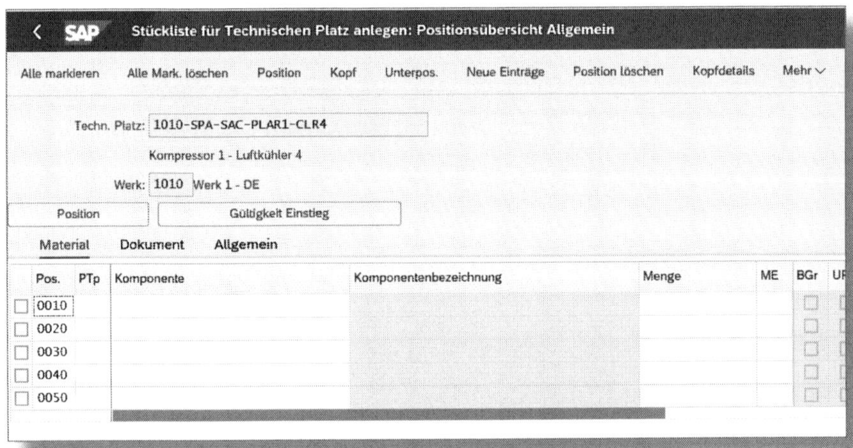

Abbildung 2.41: Positionen zur Stückliste zum technischen Platz

Anlage einer Stückliste zum technischen Platz

Die Bildfolge und Eingabemöglichkeiten für die Stückliste zum technischen Platz sind die gleichen wie zuvor bei der Stückliste zum Equipment. Daher werde ich diese Anlage nicht Schritt für Schritt durchgehen.

Rufen Sie jetzt erneut die Strukturlisten zum technischen Platz auf; hier sehen Sie alle Stücklisten: die des Equipments und die des technischen Platzes (siehe Abbildung 2.42).

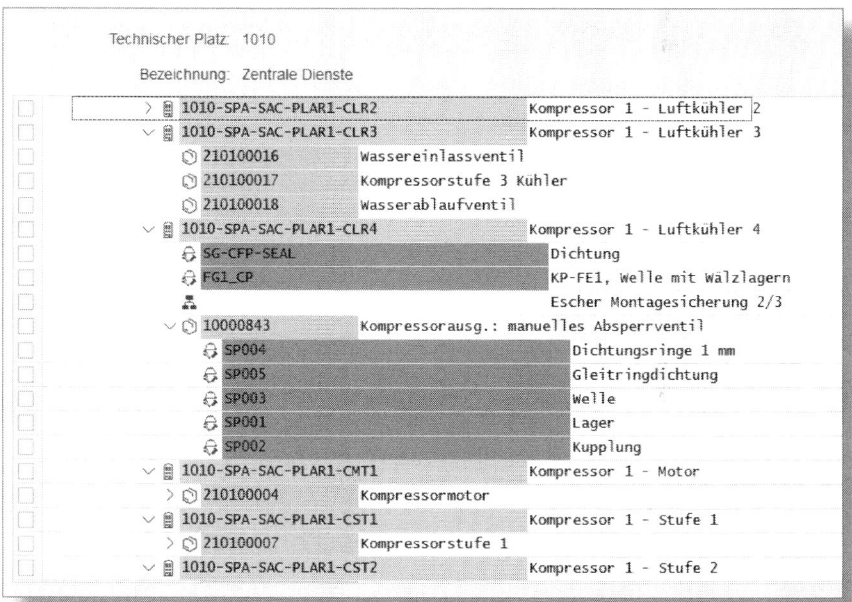

Abbildung 2.42: Strukturliste mit Stücklistenauflösung

In der Stückliste kann man sehen, um welche Art der Position es sich handelt (siehe Abbildung 2.43).

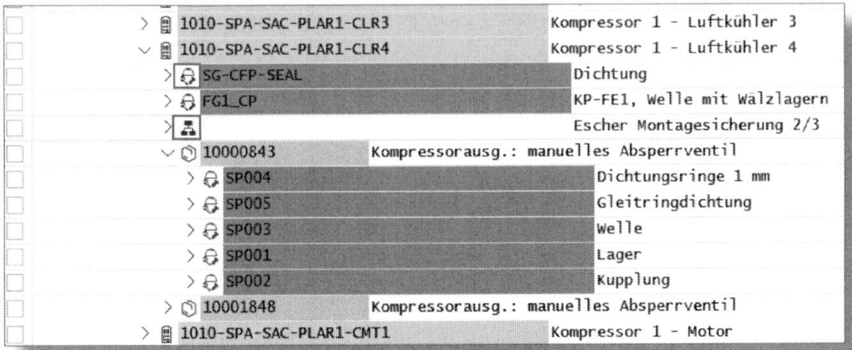

Abbildung 2.43: Stücklistenzuordnung mit Icons

Mit dem Button wird eine Materialzuordnung und mit werden die sonstigen Zuordnungen (hier: Dokument) gekennzeichnet.

3 Instandhaltungsprozesse

In diesem Kapitel möchte ich Ihnen einige Kernprozesse der SAP-Instandhaltung vorstellen. Sie sollten sich zunächst ein genaues Bild davon machen, welche Prozesse mit welcher Priorität abgebildet werden sollen.

Die Prozesse, die ich in diesem Kapitel beschreibe, entsprechen dem SAP-Standard mit minimalen Einstellungen. Erweiterungen sind immer möglich. Bedenken Sie aber die Komplexität der Prozesse, bevor Sie sich entscheiden, die Instandhaltung mit der maximalen Funktionalität einzuführen.

3.1 Vorbeugende Instandhaltung

Die vorbeugende Instandhaltung zeichnet sich dadurch aus, dass alle benötigten Ressourcen geplant werden können. Diese Art der Instandhaltung ist sicher die am weitesten verbreitete, da Geräte, Maschinen oder Prüfmittel turnusmäßig gewartet oder kalibriert werden müssen, um die Funktionstüchtigkeit zu erhalten oder gesetzliche Vorgaben zu erfüllen.

Um eine vorbeugende Instandhaltung durchführen zu können, greifen in der SAP-Instandhaltung neben den bereits behandelten technischen Plätzen und Equipments noch mehrere planungsrelevante Objekte. Darauf gehe ich in den folgenden Abschnitten näher ein.

3.1.1 Wartungsplanung

Die Wartungsplanung ist der Kernprozess der vorbeugenden Instandhaltung. Die Wartungsobjekte, die an diesem Prozess beteiligt sind, sehen Sie in einer schematischen Übersicht in Abbildung 3.1.

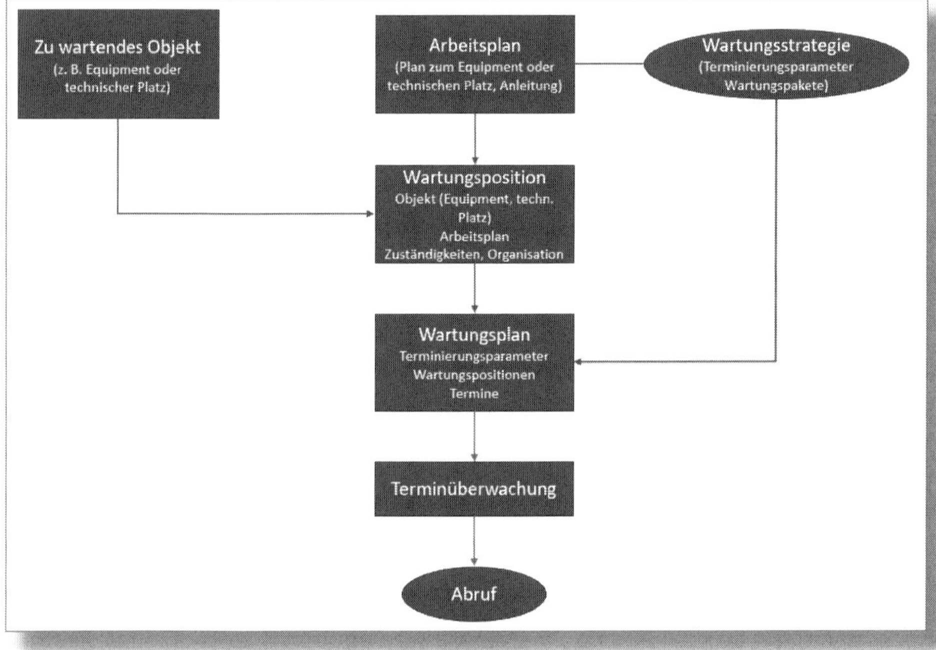

Abbildung 3.1: Wartungsobjekte

Ohne diese Wartungsobjekte wäre eine automatisierte Wartung nicht möglich. In den nachfolgenden Abschnitten erläutere ich diese Objekte an konkreten Beispielen aus dem System.

3.1.2 Arbeitspläne

Ein *Arbeitsplan* beschreibt grundsätzlich die Tätigkeiten, die beim Aufruf des Plans (z. B. in einem Instandhaltungsauftrag) durchgeführt werden müssen.

Arbeitspläne kommen in SAP nicht nur in der Instandhaltung, sondern auch in der Fertigung, der Projektabwicklung oder dem Qualitätsmanagement zum Einsatz.

In der Instandhaltung werden Arbeitspläne für die vorbeugende Instandhaltung genutzt, um beispielsweise Wartungs-, Prüf- oder Inspektionstätigkeiten abzubilden, die in einem definierten Wartungsintervall durchgeführt werden müssen.

Für die Instandsetzung können Sie zudem Arbeitspläne einsetzen, um Standardabläufe für Reparaturmaßnahmen vorzudefinieren.

Man unterscheidet drei verschiedene *Arbeitsplantypen*:

- Arbeitsplan zum Equipment
- Arbeitsplan zum technischen Platz
- Anleitung

Den *Arbeitsplan zum Equipment* oder auch zum technischen Platz legen Sie speziell zu einem Objekt an (Equipment oder technischer Platz). Diese Arbeitspläne können dementsprechend nur für das zugeordnete Objekt verwendet werden. Dies ist empfehlenswert, wenn diese Objekte spezifische Besonderheiten haben, die sich nicht auf ein zweites oder drittes Objekt anwenden lassen.

Die *Anleitung* ist zuerst einmal objektneutral, d. h., sie ist keinem speziellen Equipment oder technischen Platz zugeordnet. Die Zuordnung der Anleitung zu einem Wartungsobjekt erfolgt über den Wartungsplan. Hier gilt, dass eine Anleitung »n« Wartungsplänen zugeordnet werden kann.

Arbeitspläne – Zusammenfassung

Legen Sie Arbeitspläne zum Equipment oder technischen Platz nur an, wenn die Prüf- oder Wartungskriterien sehr speziell und auf das technische Objekt zugeschnitten sind. Die Arbeit mit Anleitungen erspart Erfassungs- und Pflegeaufwand.

Ein Arbeitsplan wird immer mit Bezug auf eine Wartungsstrategie angelegt. Hierin wird festgeschrieben, in welchem Zyklus eine Wartung oder Kalibrierung durchgeführt werden muss.

3.1.3 Wartungsstrategien

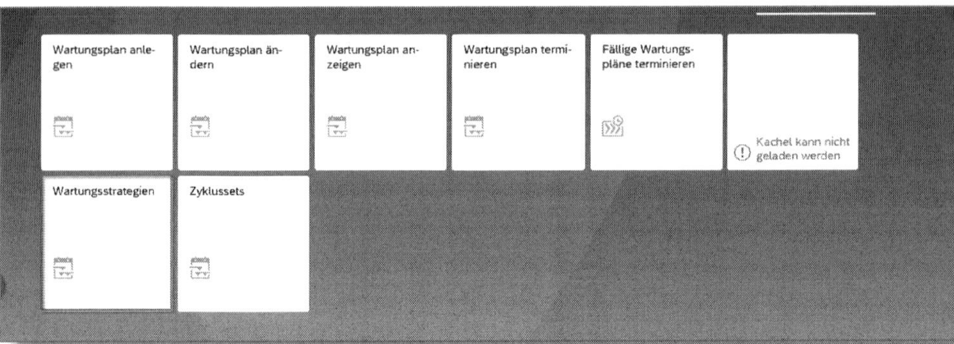

Abbildung 3.2: Pflege der Wartungsstrategie

Über die Kachel WARTUNGSSTRATEGIE (siehe Abbildung 3.2) erreichen Sie die Pflege der Strategien. Dabei wird nicht zwischen »neu anlegen« und »ändern« unterschieden.

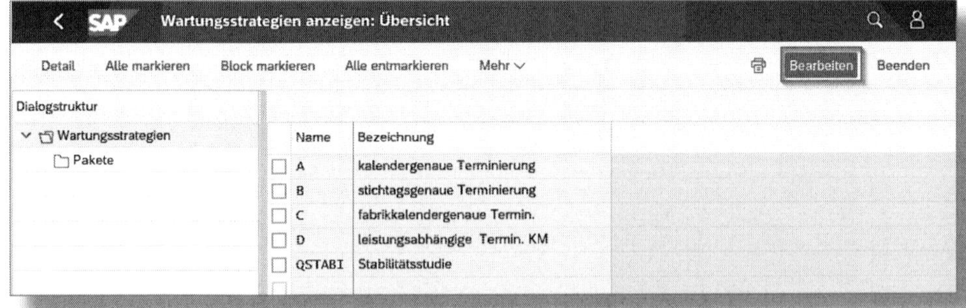

Abbildung 3.3: Liste der vorhandenen Wartungsstrategien

Sie befinden sich jetzt im Anzeigemodus. Wenn Sie eine neue Strategie anlegen möchten, klicken Sie auf den Button **Bearbeiten**.

Ich werde Ihnen die Wartungsstrategie anhand der vorhandenen Strategie B – STICHTAGSGENAUE TERMINIERUNG erläutern.

Mit Doppelklick auf einen der Einträge kommen Sie in die Detailsicht zur gewählten Strategie (siehe Abbildung 3.4). Eine kurze Beschreibung der Felder gebe ich in Tabelle 3.1.

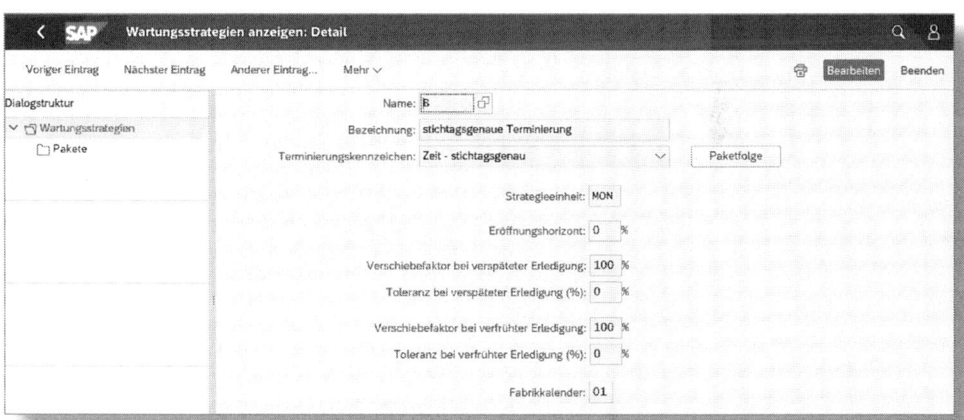

Abbildung 3.4: Detailsicht Wartungsstrategie

Feldbezeichnung	Erläuterung
NAME	Hier vergeben Sie den Schlüssel für die Wartungsstrategie.
BEZEICHNUNG	Bezeichnung der Wartungsstrategie, die ebenfalls durch Sie vergeben wird.
STRATEGIEEINHEIT	Einheit, auf deren Basis die Terminberechnung für die Wartung erfolgen soll.
ERÖFFNUNGSHORIZONT	Hier legen Sie fest (in Prozent), wann für einen errechneten Wartungstermin ein Auftrag erstellt werden soll (= Abrufdatum).

Feldbezeichnung	Erläuterung
VERSCHIEBUNGSFAKTOR	Dieser Faktor definiert, wie viel Prozent der Verschiebung sowohl bei einer verfrühten als auch bei einer verspäteten Erledigung der Wartung auf den Folgetermin angerechnet wird. Das kommt nur dann zur Anwendung, wenn die Abweichung zwischen Soll und Ist außerhalb der TOLERANZ BEI VERSPÄTETER/VERFRÜHTER ERLEDIGUNG liegt.
TOLERANZ	Siehe Verschiebungsfaktor
FABRIKKALENDER	Im System können verschiedene Kalender hinterlegt werden, die Feiertage, allgemeine Urlaubstage etc. berücksichtigen. Wenn Sie die Strategie als stichtagsgenau oder Fabrikkalender anlegen, wird dieser Wert in die Wartungsstrategie übernommen.

Tabelle 3.1: Erläuterung der Felder in der Wartungsstrategie

Strategieeinheit

Wenn Sie MON (Monate) als Einheit nehmen, sollten Sie auch die Wartungspakete immer in Monaten angeben, ein Jahr entspricht also zwölf Monaten. Der Grund ist die Berechnung von SAP – ein Monat hat immer 30 Tage, ein Jahr immer 365 Tage. Ist eine Wartung nach 360 Tagen geplant, kann das nur in Monaten eingestellt werden, wird ein Jahr vorgegeben, wird die Wartung nach 365 Tagen stattfinden.

Eröffnungshorizont

Wenn Sie beispielsweise einen Wartungszyklus von 12 Monaten einstellen und als Plan- und Erledigungsdatum ist »01.10.« angegeben, stellt sich der Eröffnungshorizont wie folgt dar:

0 % = Der Auftrag wird sofort erstellt, wenn der Vorgängerauftrag abgeschlossen ist. Das Abrufdatum ist der 01.10.

100 % = Der Auftrag kann erst dann abgerufen werden, wenn das kommende Plandatum erreicht ist. Das Abrufdatum ist also der 01.10. des nächsten Jahres.

50 % = Der Auftrag wird abgerufen, wenn die Hälfte der Zeit zwischen dem 01.10. des aktuellen und dem 01.10. des Folgejahres verstrichen ist. Das Abrufdatum ist in diesem Fall also der 01.04.

Klicken Sie jetzt auf PAKETE in der Dialogstruktur (siehe Abbildung 3.4).

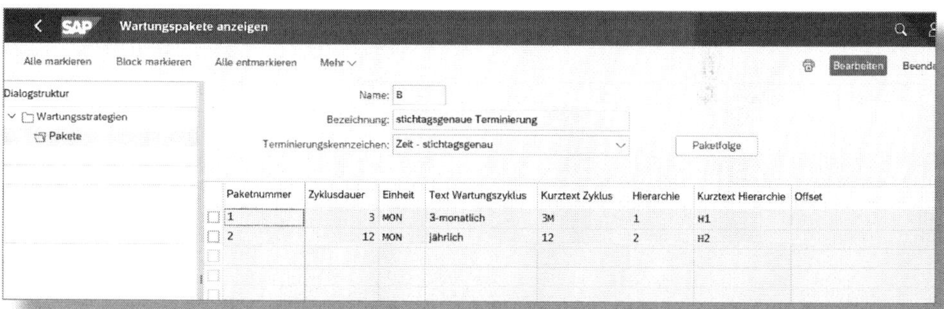

Abbildung 3.5: Übersicht Wartungspakete

In dieser Sicht werden die Wartungszyklen angelegt (siehe Abbildung 3.5). Dabei sind mehrere Zyklen in einem Plan möglich. Aus diesen Zyklen resultiert dann eine *Paketfolge* (siehe Abbildung 3.6).

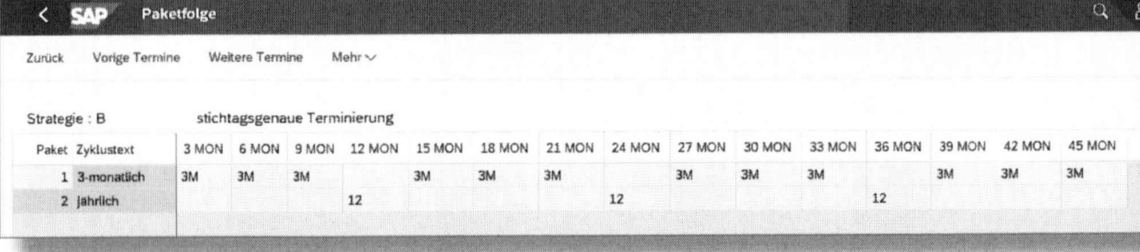

Abbildung 3.6: Paketfolge

Diese Folge zeigt, dass vierteljährlich eine Wartung durchgeführt werden muss. Die jährliche Wartung erfolgt dann separat und ggf. nach einem anderen Arbeitsplan.

Nachdem wir die Wartungsstrategie angelegt oder die Entscheidung getroffen haben, eine bestehende zu nutzen, können wir für das zu wartende Equipment einen *Equipmentplan* bzw. einen Wartungsplan erstellen und darin eine bestehende Anleitung zuordnen.

3.1.4 Anlegen einer Anleitung

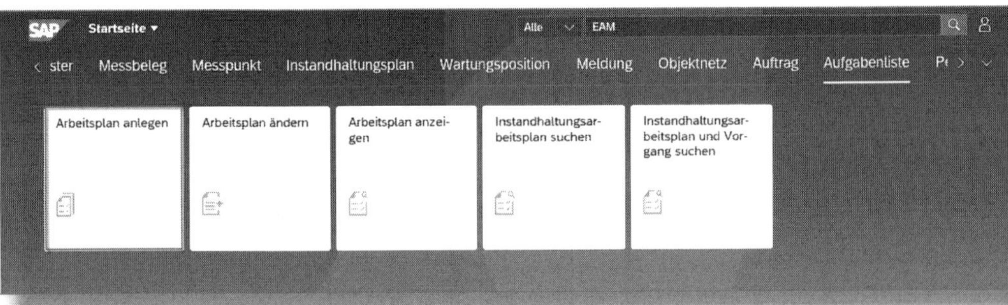

Abbildung 3.7: Arbeitsplanpflege

Wählen Sie aus den Möglichkeiten der Arbeitsplanpflege die Kachel ARBEITSPLAN ANLEGEN (siehe Abbildung 3.7).

Sie kommen in die Eingabemaske und können hier festlegen, ob Sie eine INSTANDHALTUNGSANLEITUNG oder einen ARBEITSPLAN ZUM OBJEKT erstellen möchten (siehe Abbildung 3.8).

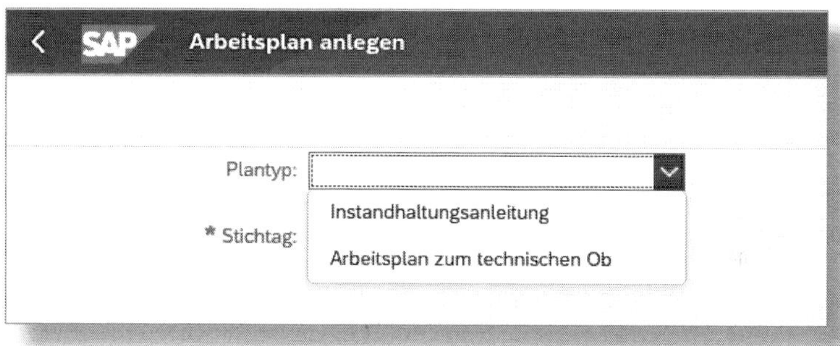

Abbildung 3.8: Arbeitsplan anlegen – Einstieg

Nach der Auswahl des PLANTYPS erreichen Sie die Einstiegsmaske für die Anleitung (siehe Abbildung 3.9).

SAP Instandhaltungsanleitung anlegen

* Plantyp: Instandhaltungsanleitung
Plangruppe:
* Planungswerk: 1010
Gruppenzähler:
* Gesamtstatus: Freigegeben allgemein
Profil:
* Stichtag: 22.03.2020

Vorlage kopieren

Arbeitsplan:

Abbildung 3.9: Anleitung anlegen – Einstieg

Wählen Sie im Einstiegsbild das PLANUNGSWERK aus. Hier werden die Wartungen geplant, aber nicht zwangsläufig durchgeführt.

Der Status des Plans muss final immer freigegeben sein, damit er im System verwendet werden kann. Wenn Sie mit einem Freigabeprozess arbeiten, können Sie die gewünschten Status im Customizing festlegen und per Berechtigung steuern, wer welche Status setzen darf.

Es besteht auch die Möglichkeit, mit einem *Profil* zu arbeiten. So können einige Einträge (Werk, Maßeinheiten, Einkaufsorganisation etc.) im Customizing voreingestellt werden. Profile sind hilfreich, wenn Informationen wiederholt für die Anlage eines Arbeitsplans genutzt werden.

Nachdem Sie die notwendigen Daten eingegeben haben, kommen Sie mit einem Klick auf Weiter in die erste Sicht zur Eingabe ALLGEMEINER DATEN (siehe Abbildung 3.10).

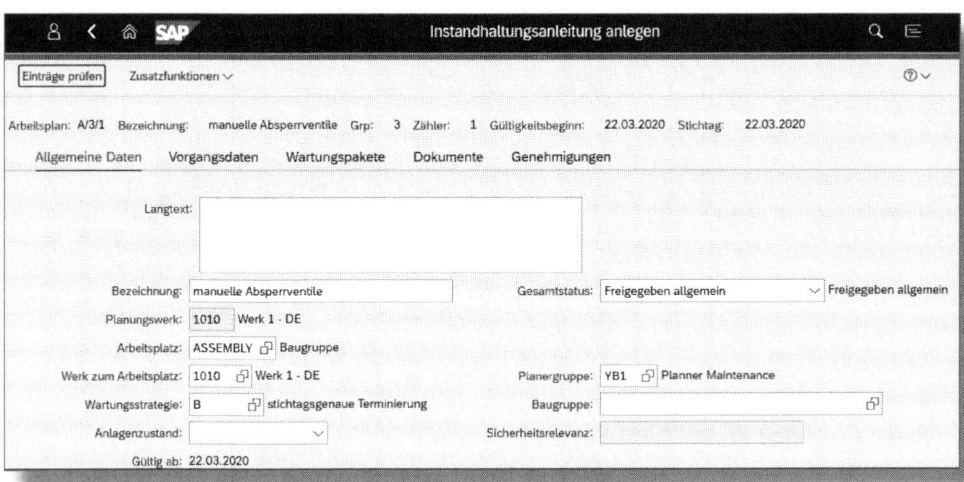

Abbildung 3.10: Anleitung anlegen – allgemeine Daten

Das Planungswerk wird aus der Einstiegsmaske übernommen. Weitere Pflichteingaben sind hier im Standard nicht vorgesehen.

Dateneingabe zur Instandhaltungsanleitung

Da wir eine Anleitung erstellen, die für die Wartung verschiedener Equipments oder technischer Plätze herangezogen werden kann, bedenken Sie bitte bei der Eingabe der Daten in den einzelnen Segmenten der Anleitung, dass diese für alle Equipments bzw. technischen Plätze gültig sind. Dies bedeutet, dass alle Wartungsobjekte den gleichen Wartungsschritten (Vorgangsdaten) folgen, dem gleichen Wartungszyklus (Wartungspakete) unterliegen oder auf dieselben Dokumente zugreifen.

Sofern Sie dies nicht gewährleisten können, legen Sie bitte einen Plan zum technischen Objekt an (Equipmentplan oder Arbeitsplan zum technischen Platz). Die Anlage eines Equipmentplans habe ich in Abschnitt 3.4 beschrieben.

Der hier angelegte Arbeitsplan wird später in den Instandhaltungsauftrag kopiert und dient als Vorlage für den Instandhalter bei den durchzuführenden Arbeiten.

Eine Beschreibung der einzelnen Felder gebe ich in Tabelle 3.2.

Feldbezeichnung	Erläuterung
LANGTEXT	Beschreiben Sie in diesem Feld, was für die Wartung erforderlich ist, bzw. geben Sie weitere Details zum Arbeitsplan ein.
BEZEICHNUNG	Die Bezeichnung des Arbeitsplans ist zwar keine Pflichteingabe, erleichtert aber ein späteres Auffinden des Plans anhand der Bezeichnung, z. B. zur Planpflege.
PLANUNGSWERK	Werk, in dem die Wartung geplant wird
ARBEITSPLATZ	Platz, an dem die Wartung durchgeführt wird. Das kann eine Abteilung oder Person sein, die die Wartung durchführt. Ein Arbeitsplatz ist dann wichtig, wenn die Wartungskosten erfasst werden sollen.

Feldbezeichnung	Erläuterung
WERK ZUM ARBEITSPLATZ	Werk, in dem sich der oben angesprochene Arbeitsplatz befindet. Dies kann das Planungswerk oder das Wartungswerk sein.
WARTUNGSSTRATEGIE	Hier bestimmen Sie, in welchem Zyklus die Wartung durchgeführt werden soll. Da dies ein sehr wichtiges Element innerhalb der Wartung darstellt, sollten Sie dieses Feld im Customizing als Pflichteingabe festlegen.
ANLAGENZUSTAND	Über dieses Feld können Sie hinterlegen, ob sich das zu wartende Objekt noch im Betrieb befindet. Dieses Feld hat nur informativen Charakter.
GESAMTSTATUS	Hier wird der Status übernommen, den Sie im Einstiegsbild festgelegt haben. Damit der Plan verwendet werden kann, muss dieser Status immer als FREIGEGEBEN ALLGEMEIN definiert sein.
PLANERGRUPPE	Tragen Sie eine Planergruppe ein, die für die Pflege des Wartungsplans zuständig ist. Planergruppen können als Berechtigungsobjekte herangezogen werden.
BAUGRUPPE	Geben Sie die Baugruppe ein, für die diese Anleitung gelten soll. Eine Baugruppe ist im System immer als Material angelegt.

Tabelle 3.2: Anleitung – Feldbeschreibungen in der Sicht »Allgemeine Daten«

Nach Eingabe aller für Sie und Ihren Prozess notwendigen Daten gehen Sie zum Reiter VORGANGSDATEN (siehe Abbildung 3.11).

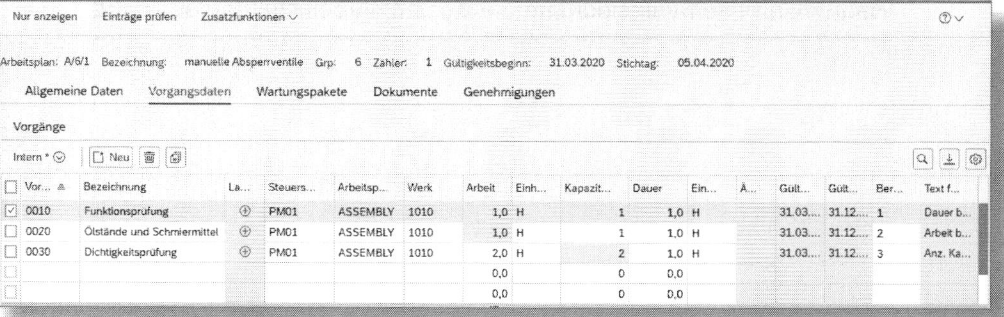

Vor...	Bezeichnung	La...	Steuers...	Arbeitsp...	Werk	Arbeit	Einh...	Kapazit...	Dauer	Ein...	Ä...	Gült...	Gült...	Ber...	Text f...
0010	Funktionsprüfung		PM01	ASSEMBLY	1010	1,0	H	1	1,0	H		31.03....	31.12....	1	Dauer b...
0020	Ölstände und Schmiermittel		PM01	ASSEMBLY	1010	1,0	H	1	1,0	H		31.03....	31.12....	2	Arbeit b...
0030	Dichtigkeitsprüfung		PM01	ASSEMBLY	1010	2,0	H	2	1,0	H		31.03....	31.12....	3	Anz. Ka...
						0,0		0	0,0						
						0,0		0	0,0						

Abbildung 3.11: Anleitung anlegen – Vorgangsdaten

In der *Vorgangsübersicht* legen Sie fest, welche Arbeiten während der Wartung oder Kalibrierung durchgeführt werden sollen.

Dabei entspricht jeder Vorgang einem Wartungsschritt. Jedem dieser Schritte ist ein Steuerschlüssel zugeordnet, der festlegt, ob die Arbeiten intern oder extern durchgeführt werden müssen. Wird in der Sicht ALLGEMEINE DATEN (siehe Abbildung 3.10) ein Arbeitsplatz eingegeben, wird dieser für jeden Vorgang übernommen. Er kann jedoch überschrieben werden.

Alle Vorgänge werden bei der Erstellung eines Wartungs- oder Instandhaltungsauftrags in diesen kopiert. Nachdem ein Vorgang durchgeführt worden ist, können die dafür benötigte Zeit, das eingesetzte Material oder sonstige kostenrelevante Daten eingegeben werden.

Die Vorgänge müssen innerhalb des Wartungsauftrags bestätigt und der Auftrag danach technisch abgeschlossen werden. Der technische Abschluss eines Instandhaltungsauftrags bedeutet, dass die

Wartungsarbeiten vollendet und die Kosten (Arbeitszeit und Material) im Auftrag rückgemeldet wurden. Danach kann der Auftrag durch das Controlling noch bearbeitet und komplett abgeschlossen werden.

Die wichtigsten Felder beschreibe ich in Tabelle 3.3.

Feldbezeichnung	Erläuterung
VORGANGSNUMMER	Reihenfolge, in der die Wartungsschritte durchgeführt werden sollen. Vorgangsnummern werden normalerweise in Zehnerschritten angezeigt.
BEZEICHNUNG	Bezeichnung der durchzuführenden Wartung
LANGTEXT	Sofern nötig, kann zur Vorgangsbezeichnung ein Langtext hinterlegt werden.
STEUERSCHLÜSSEL	Hier wird festgelegt, wie der Vorgang gehandhabt wird. Dies ist eine Pflichteingabe; damit wird gesteuert, wie das System den Vorgang behandelt. Dabei werden Rückmeldeparameter definiert, d. h., eine Rückmeldung zum Vorgang ist möglich, vorgesehen oder nicht möglich. Ebenso werden hier Parameter zur Kapazitätsplanung festgelegt oder ob der Vorgang in einer Kalkulation berücksichtigt wird.
ARBEITSPLATZ	Platz, an dem die Wartung zu diesem Vorgang durchgeführt wird
WERK ZUM ARBEITSPLATZ	Werk, in dem sich der oben angesprochene Arbeitsplatz befindet
ARBEIT	Hier wird der Arbeitsaufwand festgelegt, der bei der Durchführung des Vorgangs anfällt.
EINHEIT	Einheit des Arbeitsaufwands
KAPAZITÄT	Anzahl der Kapazitäten, die zur Durchführung der Arbeit notwendig sind (Anzahl der Maschinen oder Personen)

Feldbezeichnung	Erläuterung
Dauer	Zeit, die normalerweise zur Durchführung dieses Vorgangs benötigt wird
Einheit	Einheit der Dauer zur Durchführung
Änderungsnummer	Sofern Änderungen an diesem Vorgang oder diesem Plan über eine genehmigte Änderung durchgeführt werden, steht hier die entsprechende Nummer.
Gültig ab – Gültig bis	Gibt an, ab/bis wann der Arbeitsplan gültig ist. Wird mit Änderungsnummern gearbeitet, ist das Gültig-ab-Datum im Änderungsstammsatz hinterlegt. Sonst ist dies das Datum der Änderung. Gültig bis ist immer der 31.12.9999.
Berechnungsschlüssel	Ein im Arbeitsplatz hinterlegter Schlüssel zur Berechnung der Dauer, Arbeit oder Kapazitäten im Vorgang.
Text für Berechnungsschlüssel	Erklärender Text für den Berechnungsschlüssel

Tabelle 3.3: Feldbeschreibung in der Sicht »Vorgangsdaten«

Die Daten zur Arbeits- oder Kapazitätsberechnung werden in die Detailübersicht des Vorgangs (siehe Abbildung 3.12) übernommen und können hier gepflegt werden. Wurden diese Angaben bereits im Vorgang hinterlegt, werden sie auch in die Detailsicht übertragen.

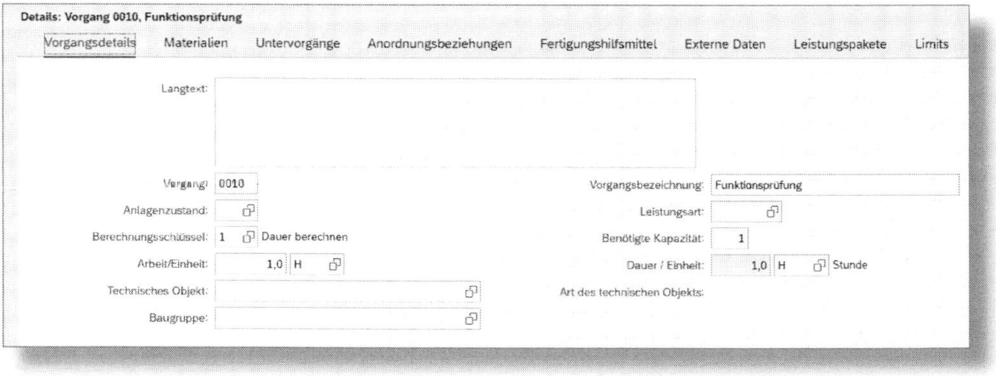

Abbildung 3.12: Anleitung anlegen – Vorgangsdaten, Details

Die Felder zum Vorgang, die noch nicht beschrieben wurden, erläutere ich in Tabelle 3.4.

Feldbezeichnung	Erläuterung
TECHNISCHES OBJEKT	Das Objekt (technischer Platz oder Equipment), für das diese Anleitung gültig ist. Da es sich hier um eine Anleitung handelt, die für mehrere technische Objekte gültig sein kann, lassen Sie dieses Feld leer.
LEISTUNGSART	Leistungsarten werden überwiegend in Zeiteinheiten gemessen, können allerdings auch als Mengeneinheit hinterlegt sein. Sie stellen die erbrachte Leistung innerhalb einer Kostenstelle dar.

Tabelle 3.4: Beschreibung der Felder in der Detailübersicht zum Vorgang

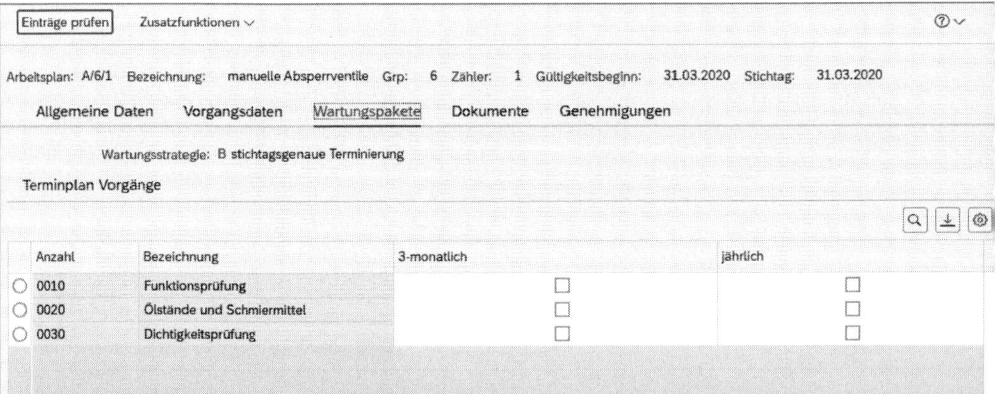

Abbildung 3.13: Anleitung anlegen – Wartungspakete

Im Reiter WARTUNGSPAKETE ordnen Sie Wartungspakete den Vorgängen zu.

Wir haben in den allgemeinen Daten zur Anleitung eine Wartungsstrategie zugeordnet. Diese Strategie ist mit Wartungspaketen verknüpft (siehe Abbildung 3.5 und Abbildung 3.6). Diese Pakete stehen jetzt jedem Vorgang zur Auswahl zur Verfügung (siehe Abbildung 3.13).

Sie können nun für alle Vorgänge das gleiche Intervall oder jeweils unterschiedliche Zyklen einstellen (siehe Tabelle 3.5).

Feldbezeichnung	Erläuterung
3-MONATLICH/JÄHRLICH	Beschreibung der Wartungspakete aus der Wartungsstrategie. Wählen Sie pro Vorgang einen oder beide Zyklen aus.

Tabelle 3.5: Beschreibung der Felder in der Sicht »Wartungspakete«

Danach speichern Sie die Anleitung mit Klick auf Sichern.

3.1.5 Wartungspläne

Als letztes Objekt für eine Wartungsplanung müssen wir jetzt noch einen Wartungsplan anlegen.

Wartungsplan

Ein Wartungsplan für einen Instandhaltungsauftrag kann die folgenden Wartungsplanarten enthalten:

- Einzelzyklusplan (zeit- oder leistungsabhängig)
- Strategieplan
- Mehrfachzählerplan

In einem Einzelzyklusplan wird genau ein Wartungszyklus eingestellt, dagegen kann ein Strategieplan komplexe Wartungszyklen haben, die über Wartungsstrategien abgebildet werden.

> Ein Mehrfachzählerplan wird ohne Wartungsstrategie erstellt. Diese Wartungsplanart wird bei zählerstandsabhängigen (leistungsabhängigen) Wartungen eingesetzt.

Abbildung 3.14: Fiori-App »Wartungsplan anlegen«

Ein Wartungsplan enthält neben den Zyklen der Wartung auch die *Terminierungsparameter*. Sie können einen Wartungsplan mit oder ohne Bezug zu einer Wartungsstrategie anlegen. Im letzten Fall müssen Sie die Daten für die Zyklen und Terminierungsparameter manuell eingeben. Das sind die übergeordneten Kopfdaten eines Wartungsplans, zu denen eine oder mehrere Wartungspositionen erzeugt werden, in denen das technische Objekt (Equipment oder technischer Platz) dem Wartungsplan zugeordnet wird. Auch der Arbeitsplan wird auf Positionsebene zugeordnet.

Sie erstellen einen Wartungsplan über die App »Wartungsplan anlegen« (siehe Abbildung 3.14).

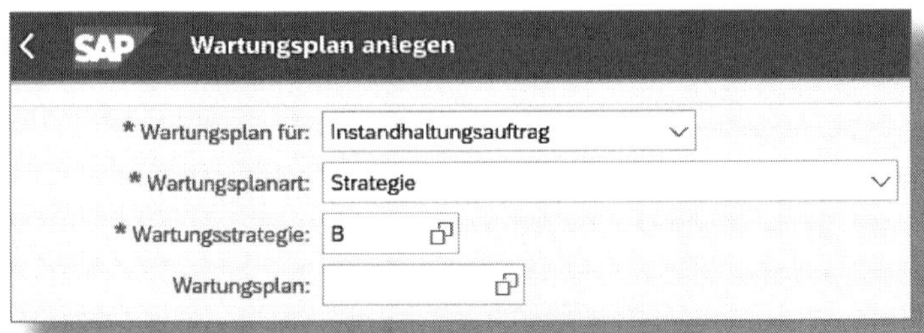

Abbildung 3.15 Wartungsplan anlegen – Einstieg

Im Einstiegsbild (siehe Abbildung 3.15) legen Sie einen Wartungsplan für einen Instandhaltungsauftrag an. Bei der WARTUNGSPLANART unterscheiden wir zwischen *zeit-* und *leistungsabhängigen* Wartungsplänen.

Wir legen in unserem Beispiel einen zeitabhängigen Wartungsplan an. Das bedeutet, die Wartung wird in einem bestimmten Zyklus durchgeführt. Dieser wird entweder durch die Wartungsstrategie vorgegeben oder manuell im Wartungsplan hinterlegt.

Da wir in unserem Beispiel die WARTUNGSPLANART *Strategie* gewählt haben, können wir im Einstiegsbild bereits die von uns angelegte Wartungsstrategie »B« vorgeben (siehe Abschnitt 3.1).

Leistungsabhängige Wartungspläne

Neben zeitabhängigen Wartungsplänen gibt es auch leistungsabhängige Wartungspläne. Hier wird die Wartung auf Basis von Zählerständen (Kilometerstand, Betriebsstunden etc.) durchgeführt. Dafür muss der aktuelle Zählerstand bei jeder Wartung in das System eingegeben werden.

Nach Eingabe der Daten im Einstiegsbild kommen Sie mit Klick auf **Weiter** in die POSITIONEN (siehe Abbildung 3.16).

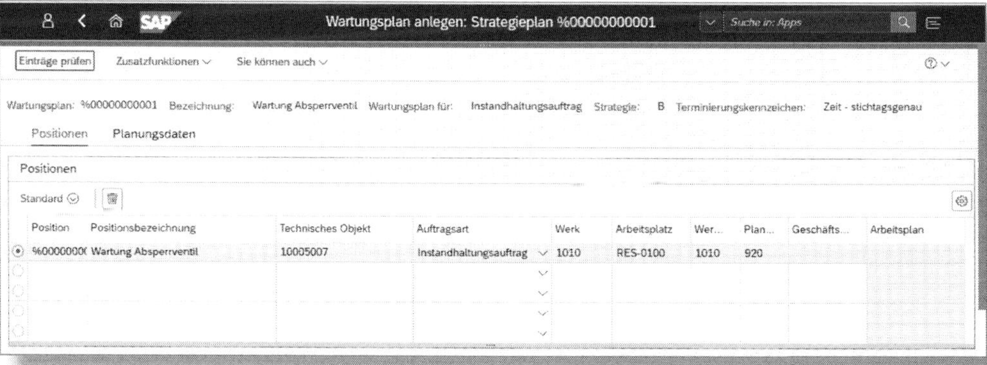

Abbildung 3.16: Wartungsplan anlegen – Position

Geben Sie in der Positionsübersicht alle Vorgänge ein, die während der Wartung des Objekts durchgeführt werden sollen.

Aus dem zugeordneten technischen Objekt (hier: das zuvor angelegte Equipment) übernimmt das System die Planungsdaten wie Planungswerk, Arbeitsplatz mit Arbeitsplatzwerk und die Planergruppe. Die AUFTRAGSART vergeben Sie pro Position. Mit der Auftragsart bestimmen Sie, wie die Bearbeitung des Vorgangs durchgeführt werden soll. Als Beispiel legen Sie damit fest, ob der Vorgang im eigenen Haus oder extern bearbeitet werden soll. Dadurch werden jeweils unterschiedliche Kostenarten, Materialbeistellungen oder auch Planungsparameter sichtbar. Welche Einstellungen zu einer Auftragsart gezogen werden, können Sie im Customizing hinterlegen.

Die Position beschreibt die Wartungsmaßnahmen, die in regelmäßigen Abständen durchgeführt werden müssen.

Die Tätigkeiten, die erforderlich sind, werden im Arbeitsplan gelistet. Dieser wird im Reiter POSITIONEN zugeordnet. Dazu müssen Sie, sofern das auf Ihrem Bildschirm nicht mehr zu sehen ist, nach unten scrollen (siehe Abbildung 3.17).

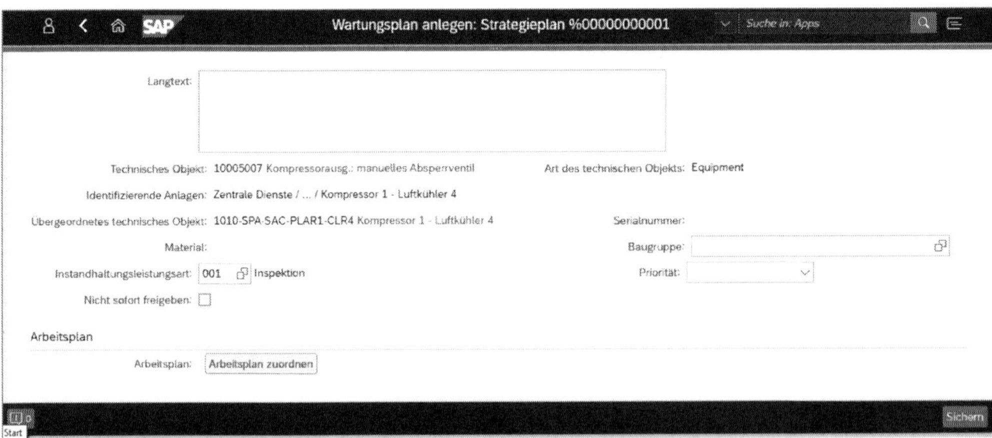

Abbildung 3.17: Wartungsplan – Arbeitsplan zuordnen

Sie sehen in der Abbildung 3.17 die Detaildaten des technischen Objekts, für das die Wartung durchgeführt werden muss.

Wenn Sie auf **Arbeitsplan zuordnen** klicken, können Sie nach einem Arbeitsplan suchen (siehe Abbildung 3.18) oder, wenn Sie die Nummer des Plans kennen, diesen direkt in das Pop-up eingeben.

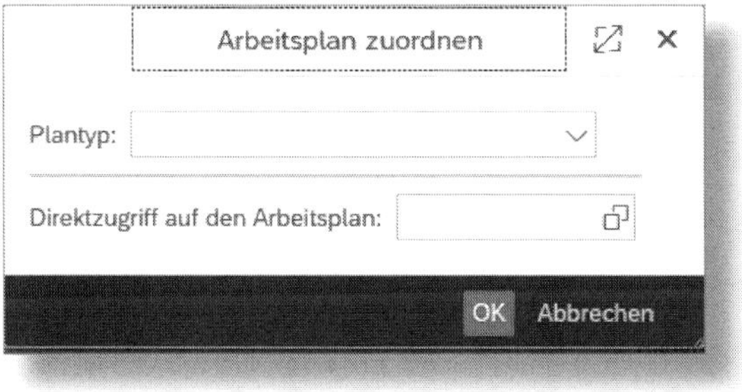

Arbeitsplan zuordnen

Plantyp:

Direktzugriff auf den Arbeitsplan:

OK Abbrechen

Abbildung 3.18: Arbeitsplan zuordnen

Sobald Sie den korrekten Arbeitsplan zugeordnet haben, ist dieser sowohl zur Position (siehe Abbildung 3.19) als auch im Detailbild der Position (siehe Abbildung 3.20) entsprechend hinterlegt. Im Detailbild können Sie diese Zuordnung auch wieder entfernen.

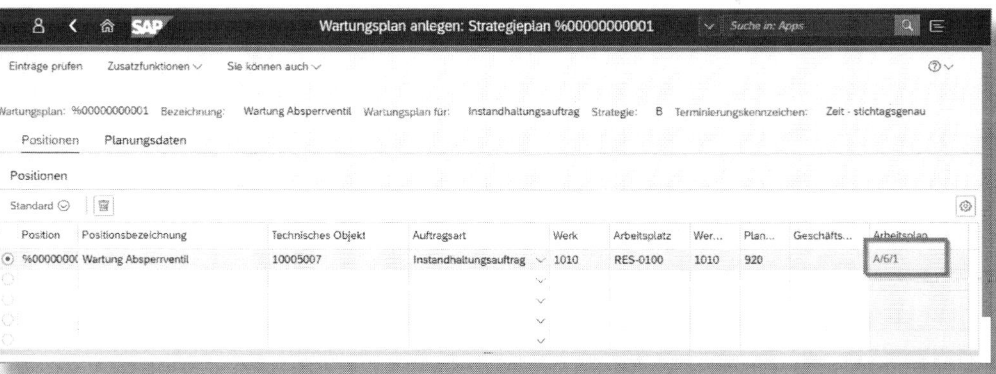

Abbildung 3.19: Arbeitsplan zugeordnet – Positionssicht

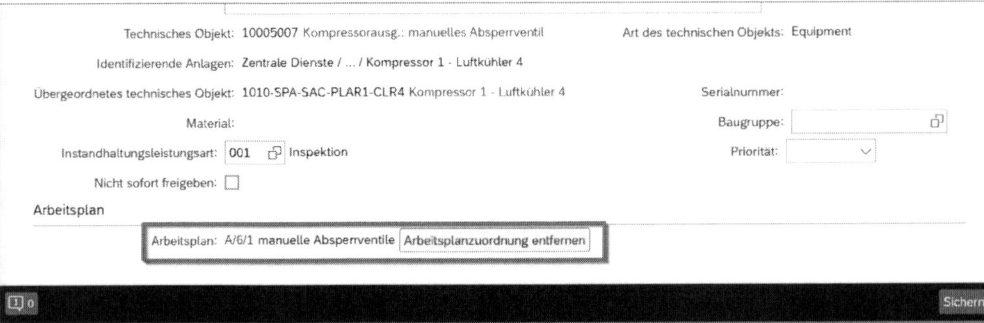

Abbildung 3.20: Arbeitsplan zugeordnet – Detailsicht

Gehen Sie jetzt zur Sicht PLANUNGSDATEN. Dort werden die Daten zur Terminierung der Wartung hinterlegt.

Im oberen Teil des Bildschirms haben wir die Möglichkeit, einen Langtext einzutragen (siehe Abbildung 3.21).

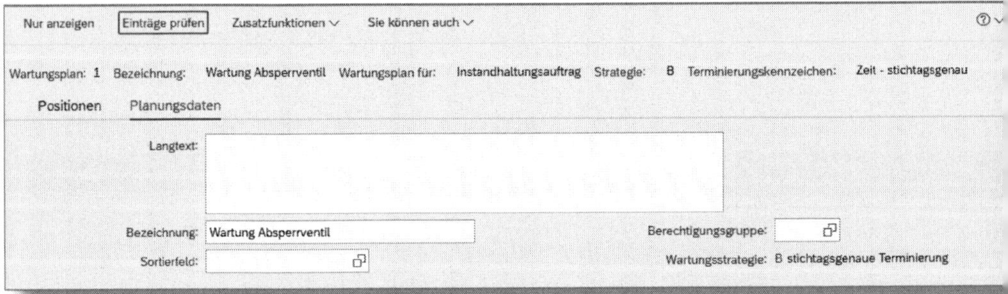

Abbildung 3.21: Planungsdaten (oberer Bildschirmausschnitt)

Auch kann hier eine Bezeichnung des Wartungsplans hinterlegt werden.

Im SORTIERFELD können Sie rein interne Informationen, wie etwa Durchführungshinweise, eingeben, die vom System nicht geprüft werden. Über die BERECHTIGUNGSGRUPPE erteilen Sie einer Gruppe von Benutzern (oder einem einzelnen Benutzer) die Berechtigung, dieses Equipment zu ändern.

Im unteren Teil des Bildschirms (siehe Abbildung 3.22) werden die Einträge zur Ermittlung des Wartungstermins ergänzt.

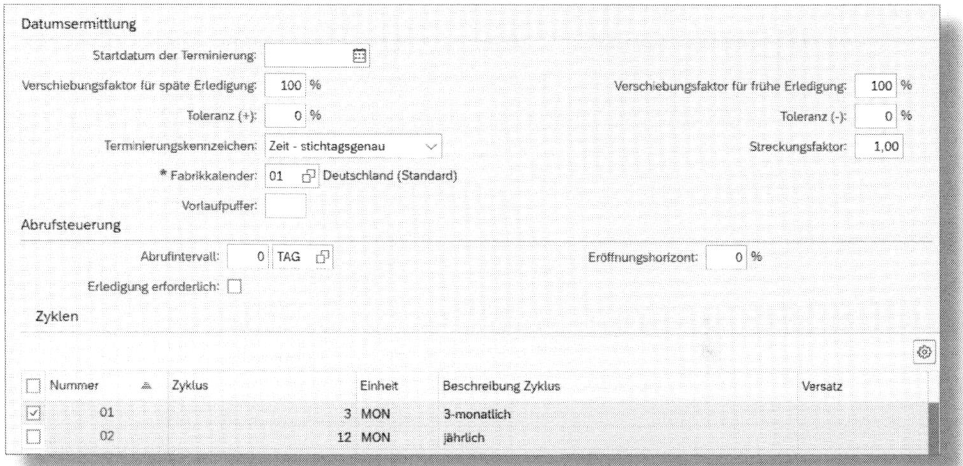

Abbildung 3.22: Planungsdaten (unterer Bildschirmausschnitt)

In Tabelle 3.6 und Tabelle 3.7 gebe ich Ihnen eine kurze Beschreibung der Sicht Planungsdaten des Wartungsplans.

Feldbezeichnung	Erläuterung
Startdatum der Terminierung	Datum, an welchem der Wartungsplan zum ersten Mal terminiert wird
Verschiebungsfaktor für späte/frühe Erledigung	Der Verschiebungsfaktor bei verspäteter oder verfrühter Erledigung wird in Prozent angegeben. Der Faktor definiert für eine Wartungsmaßnahme, wie viel Prozent der Verschiebung auf den Folgetermin angerechnet werden sollen (siehe Erläuterung am Ende der Tabelle).
Toleranz (+)	Die Toleranz für **verspätete** Erledigung definiert die Zeitspanne, in der positive Abweichungen zwischen Ist- und Plantermin die Folgeterminierung nicht beeinflussen.

Feldbezeichnung	Erläuterung
TOLERANZ (-)	Die Toleranz für **verfrühte** Erledigung definiert die Zeitspanne, in der negative Abweichungen zwischen Ist- und Plantermin die Folgeterminierung nicht beeinflussen.
TERMINIERUNGSKENNZEICHEN	Dieses Kennzeichen wird aus der Wartungsstrategie übernommen. Die Kennzeichen erläutere ich im Nachgang zu dieser Tabelle.
STRECKUNGSFAKTOR	Der Streckungsfaktor wird als Default-Einstellung auf »1« eingestellt. Damit können Sie den Zyklus einer Wartungsstrategie individuell verändern. Das heißt, der Streckungsfaktor verlängert oder verringert den Wartungsintervall. **Beispiel:** Zykluszeit laut Strategie: 100 Tage; Streckungsfaktor: 1,1. Ergebnis: Die Zykluszeit wird berechnet nach Zykluszeit gemäß Strategie (100 Tage) multipliziert mit dem Streckungsfaktor (1,1). Das ergibt die individuelle Zykluszeit für diesen Wartungsplan von 110 Tagen.
FABRIKKALENDER	Mit einem Fabrikkalender können Sie individuell Arbeitstage, Feiertage, länderspezifische Feiertage festlegen. Terminieren Sie auf Basis eines Fabrikkalenders, orientiert sich das System an dem hier enthaltenen Kalender.
VORLAUFPUFFER	Mit dem Vorlaufpuffer geben Sie an, wie lange vor dem eigentlichen Start der Wartung mit der Arbeit begonnen werden kann, ohne dass dies einen Einfluss auf den Folgetermin hat.

Tabelle 3.6: Felder in der Sicht »Planungsdaten« (oberer Bildschirmausschnitt) – »Datumsermittlung«

Feldbezeichnung	Erläuterung
ABRUFINTERVALL	Geben Sie das Intervall ein, in dem das System Wartungsabrufe erzeugt. Wenn Sie also monatliche Wartungen eingestellt haben und halbjährliche Abrufe erzeugen möchten, müssen Sie hier 180 Tage einstellen. Ein Abruf ist ein Hinweis darauf, dass und wann eine Wartung stattfinden soll.
ERÖFFNUNGSHORIZONT	Über den Eröffnungshorizont bestimmen Sie, wann aus einem wartenden Abruf tatsächlich ein Instandhaltungsauftrag erstellt werden soll. Dieser Zeitraum wird in Prozent, gemessen am Wartungszyklus berechnet. Sie können ihn auch in Tagen oder bezogen auf den Fabrikkalender angeben. **Beispiel:** Zykluszeit 180 Tage Bei 0 % (Feld bleibt leer) erfolgt der Abruf sofort, bei 50 % nach 90 Tagen und bei 100 % zum geplanten Wartungszeitpunkt.
ERLEDIGUNG ERFORDERLICH	Setzen Sie dieses Kennzeichen, erfolgt der neue Abruf erst dann, wenn der vorhergehende Instandhaltungsauftrag erledigt (und rückgemeldet) wurde.
ZYKLEN	Hier sehen Sie die Zyklen, die gemäß Wartungsstrategie für den jeweiligen Vorgang gelten.

Tabelle 3.7: Beschreibung der Felder in der Sicht »Planungsdaten« (unterer Bildschirmausschnitt) – »Abrufsteuerung«

Verschiebungsfaktor

Wird der Faktor auf 100 Prozent eingestellt (Standard), entspricht der Termin im Folgejahr dem Rückmeldetermin des Auftrags (Beispiel für einen Jahreszyklus):

Plantermin	Rückmeldedatum	Verschiebungsfaktor	nächster Termin
03.02.2020	11.02.2020	100 %	11.02.2021
03.02.2020	11.02.2020	0 %	03.02.2021
03.02.2020	11.02.2020	50 %	07.02.2021

Dieses Beispiel stellt eine späte Rückmeldung dar; bei früher Rückmeldung erfolgt die Berechnung anlog.

Toleranz

Unser Wartungsplan hat zwei Wartungspakete:

1. Paket: Wartung alle drei Monate

2. Paket: Wartung alle 12 Monate

Kleinster Abstand: neun Monate (270 Tage)
Toleranz (Beispiel): 10 %

Wenn die Ausführung der Wartung nicht mehr als 27 Tage nach (bei verspäteter Erledigung) bzw. nicht mehr als 27 Tage vor (bei verfrühter Erledigung) liegt, wird diese Abweichung bei der Berechnung des Folgetermins nicht berücksichtigt.

Terminierungskennzeichen

Die folgenden Kennzeichen werden unterstützt: (Beispieldaten, Wartungsintervall ein Monat = 30 Tage)

1. Zeitabhängige Wartungspläne

Terminierungskennzeichen **Zeit**:

- Wartungstermin: 01.04.2020
- nächste geplante Wartung: 01.05.2020 (Termin plus 30 Tage)

Terminierungskennzeichen **Stichtag**:

- Wartungstermin: 06.05.2020
- nächste geplante Wartung: 06.06.2020 (immer am 6. des Planungsmonats)

Terminierungskennzeichen **Fabrikkalender**:

- Wartungstermin: 01.04.2020
- nächste geplante Wartung: 04.06.2020 (Datum bzw. nächster Arbeitstag plus 30 Arbeitstage)

2. Leistungsabgängige Wartungspläne

Wartungspläne können auch auf Basis der Leistung des zu wartenden Geräts terminiert werden. Die Leistung kann dabei in Betriebsstunden, Kilometer o. Ä. ausgedrückt sein.

Die geplante Wartung wird mit diesen Zählerdaten terminiert:

- geschätzte Leistung für das Jahr
- aktueller Zählerstand
- Tagesdatum

Damit ist der Wartungsplan angelegt, und Sie können diesen mit einem Klick auf **Sichern** hinzufügen.

3.1.6 Terminierung

Ein Wartungsplan muss terminiert werden, damit das System entsprechende Abrufobjekte erzeugen kann. Dazu können Sie manuell einen einzelnen Wartungsplan terminieren, oder Sie lassen automatisch über eine Hintergrundaufgabe (Job) Abrufe erzeugen.

Manuelle Terminierung

Über die entsprechende App (siehe Abbildung 3.23) können Sie einen einzelnen Wartungsplan terminieren.

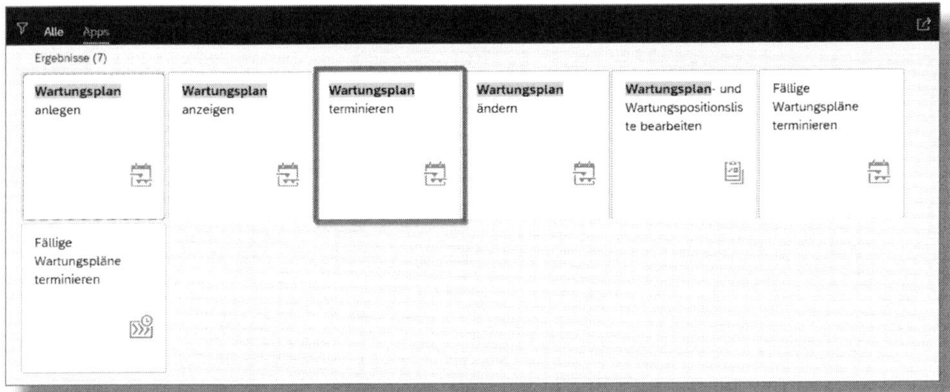

Abbildung 3.23: Wartungsplan terminieren

Nach Aufruf der App erreichen Sie das Einstiegsbild (siehe Abbildung 3.24).

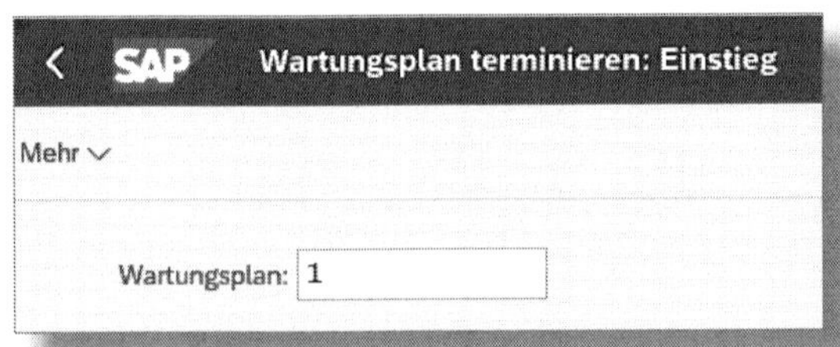

Abbildung 3.24: Einstieg in die manuelle Terminierung

Geben Sie hier den zu terminierenden Wartungsplan an und bestätigen Sie die Eingabe mit der `Enter`-Taste.

Sie gelangen in die Übersicht der Terminierungen (siehe Abbildung 3.25).

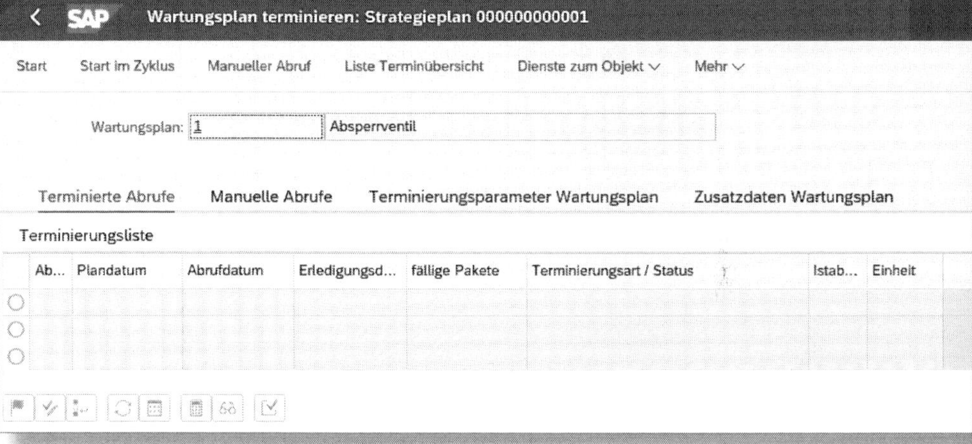

Abbildung 3.25: Terminierungsliste des Wartungsplans

Sie haben in der Menüleiste des Wartungsplans nun drei Optionen: START, START IM ZYKLUS und MANUELLER ABRUF (siehe Abbildung 3.26).

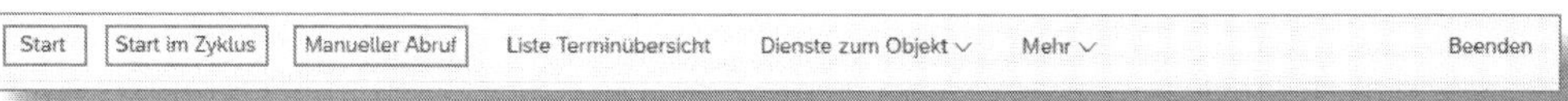

Abbildung 3.26: Menüleiste der Terminierung

Terminieren Sie den Wartungsplan, indem Sie auf Start klicken. Im folgenden Pop-up (siehe Abbildung 3.27) erscheint das Datum, zu dem die regulären Wartungen gemäß Wartungsstrategie beginnen sollen.

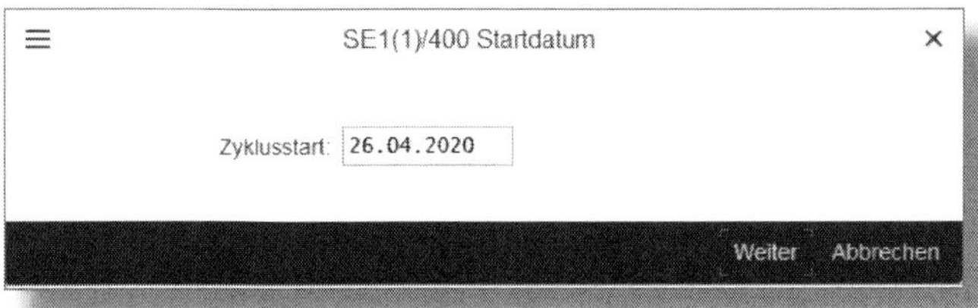

Abbildung 3.27: Regulärer Start der Wartung

Mit Klick auf **Weiter** zeigt das System die TERMINIERTEN ABRUFE an (siehe Abbildung 3.28).

Terminierte Abrufe | Manuelle Abrufe | Terminierungsparameter Wartungsplan | Zusatzdaten Wartungsplan

Terminierungsliste

A...	Plandatum	Abrufdatum	Erledigungsd...	fällige Pakete	Terminierungsart / Status	Istab...
1	26.07.2020			3M	Neustart ,Abruf durch Sichern	
2	26.10.2020			3M	terminiert,Abruf durch Sichern	
3	26.01.2021			3M	terminiert,Abruf durch Sichern	
4	26.04.2021	26.01.2021		12	terminiert,wartet	

Abbildung 3.28: Regulärer Start der Wartungen – Übersicht der terminierten Abrufe

Wenn Sie auf **Start im Zyklus** klicken, müssen Sie im kommenden Pop-up das Wartungspaket auswählen, mit dem die erste Wartung beginnen soll (siehe Abbildung 3.29).

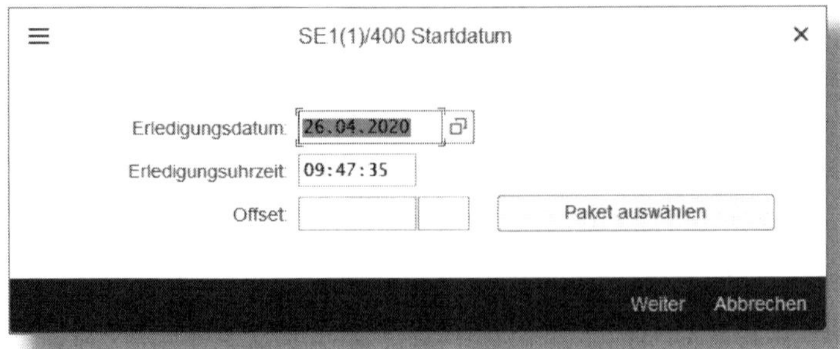

Abbildung 3.29: Erforderliche Daten für den Start im Zyklus

Erledigungsdatum

Das hier eingegebene Datum ist der Tag, an dem die Wartung erledigt wurde. Bei der Ersttermninierung ist dies das Datum der angenommenen Erledigung. Es bildet die Grundlage für die Folgeterminierungen.

Wenn Sie auf **Paket auswählen** klicken, bietet Ihnen das System die Zyklen an, zu denen die Wartung terminiert werden kann (siehe Abbildung 3.30).

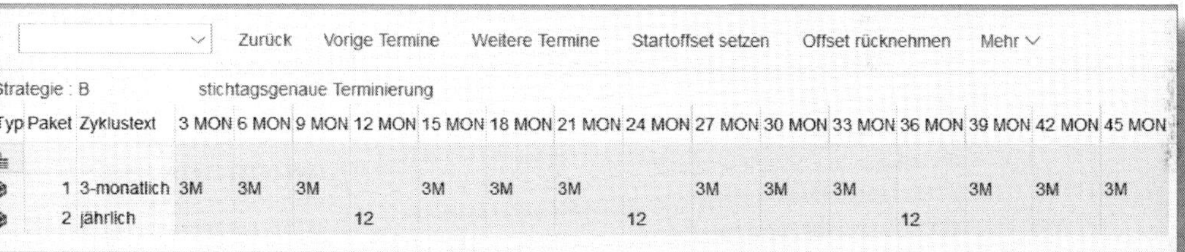

Typ	Paket	Zyklustext	3 MON	6 MON	9 MON	12 MON	15 MON	18 MON	21 MON	24 MON	27 MON	30 MON	33 MON	36 MON	39 MON	42 MON	45 MON
	1	3-monatlich	3M	3M	3M		3M	3M	3M		3M	3M	3M		3M	3M	3M
	2	jährlich				12				12				12			

Abbildung 3.30: Paketfolge einer Wartung

Wählen Sie nun ein Paket aus, und klicken Sie auf **Startoffset setzen**. Dadurch ist der Startpunkt gesetzt und die Wartung beginnt mit der Wartung zu dieser Paketfolge (siehe Abbildung 3.31).

Zurück | Vorige Termine | Weitere Termine | Startoffset setzen

Strategie : B   stichtagsgenaue Terminierung

Typ	Paket	Zyklustext	3 MON	6 MON	9 MON	12 MON	15 MON	18 MON	21 MON	24 MON	27 MON	30
	1	3-monatlich	3M	3M	3M		3M	3M	3M		3M	3M
	2	jährlich				12				12		

Abbildung 3.31: Startoffset gesetzt

In Abbildung 3.31 wurde die Wartung nach neun Monaten als Startpunkt gewählt, die folgende Wartung wäre dann eine 12-Monats-Wartung.

Das System gibt Ihnen die Meldung ☑ Offset gesetzt, und Sie können die Paketfolge wieder verlassen.

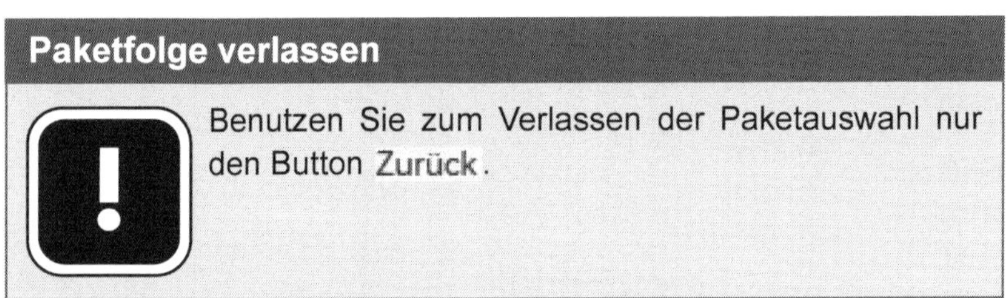

Paketfolge verlassen

Benutzen Sie zum Verlassen der Paketauswahl nur den Button Zurück.

Sie können die Wartung auch manuell starten, indem Sie auf Manueller Abruf klicken. Dadurch öffnet sich ein Fenster, und Sie müssen ein Startdatum für die Wartung eingeben. Dieses ist normalerweise das tagesaktuelle Datum (siehe Abbildung 3.32).

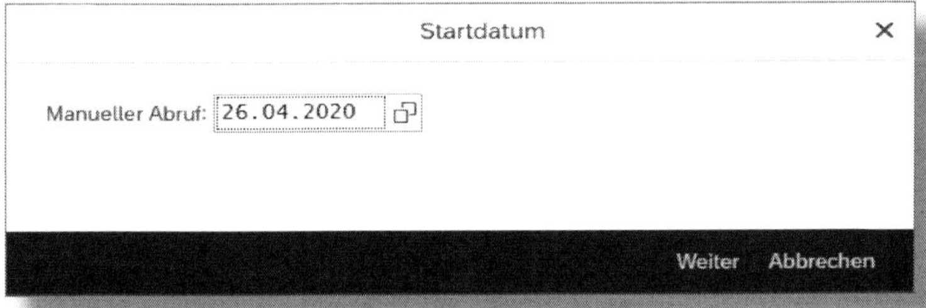

Abbildung 3.32: Startdatum für manuellen Wartungsabruf

Bestätigen Sie diese Eingabe mit einem Klick auf den Button Weiter. Dadurch wird ein Instandhaltungsauftrag erzeugt, bei dem der Eröffnungshorizont unberücksichtigt bleibt.

Manuelle Terminierung

Ein manueller Abruf erzeugt einen (oder mehrere) Wartungsabrufe, ohne die reguläre Terminierung zu beeinflussen.

Nachdem in der Wartungsstrategie zwei Wartungspakete hinterlegt worden sind, müssen Sie sich jetzt für eines der beiden Pakete entscheiden (siehe Abbildung 3.33).

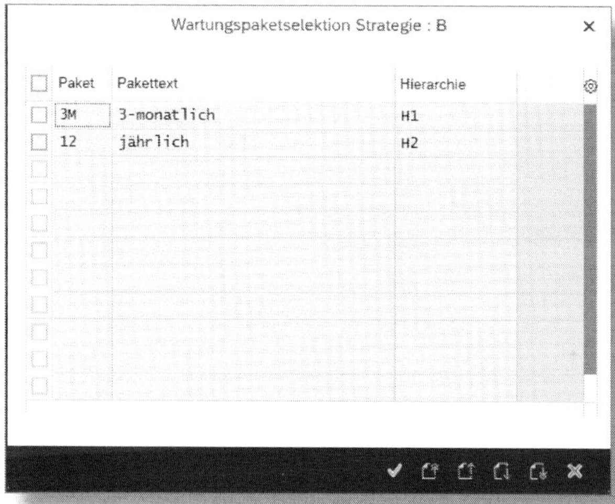

Abbildung 3.33: Selektion des Wartungspakets

Markieren Sie das gewünschte Paket und bestätigen Sie mit Klick auf .

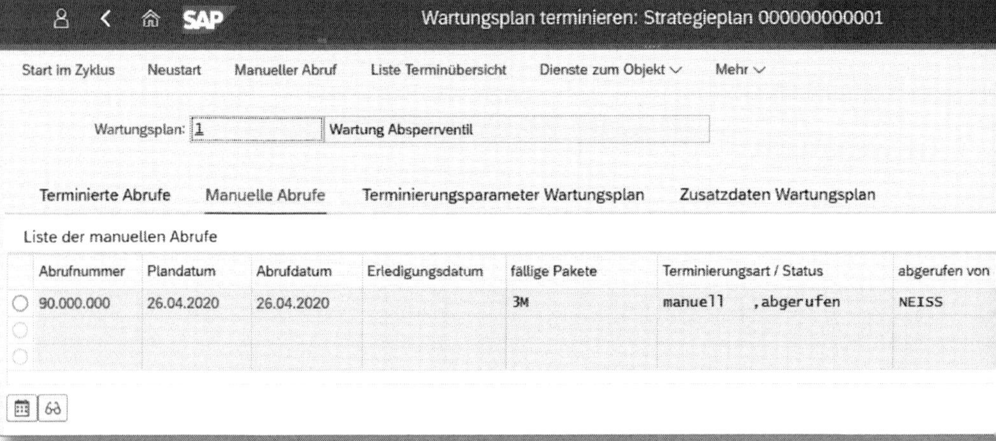

Abbildung 3.34: Manueller Abruf

Der manuelle Abruf wird im Wartungsplan hinterlegt, und der Instandhaltungsauftrag wird angelegt, wenn die Terminierung gesichert wird (siehe Abbildung 3.34).

Für alle Arten der Terminierung gilt, dass Sie einen Abruf setzen und dafür beim Sichern der Terminierung einen Wartungsauftrag anlegen sowie mindestens einen weiteren Abruf terminieren (siehe Abbildung 3.35).

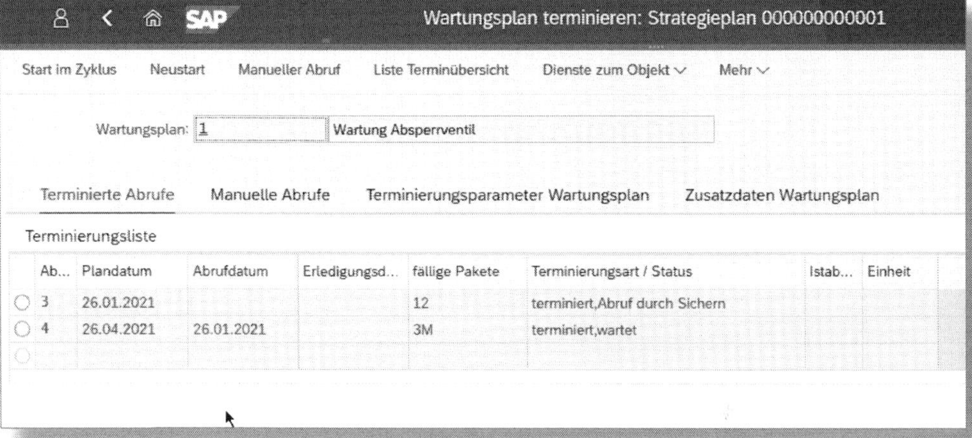

Abbildung 3.35: Terminierter Abruf im Zyklus

Im gezeigten Beispiel haben wir einen ersten Abruf für das PLANDATUM 26.01.2021 und einen weiteren Abruf für den 26.04.2021 terminiert.

Der Abruf erzeugt einen Instandhaltungsauftrag, wenn Sie die Terminierung sichern.

Gehen Sie nun wieder in die Terminierung (oder den Wartungsplan), so können Sie den abgerufenen Instandhaltungsauftrag ansehen, indem Sie die Zeile markieren und auf die Brille klicken (siehe Abbildung 3.36).

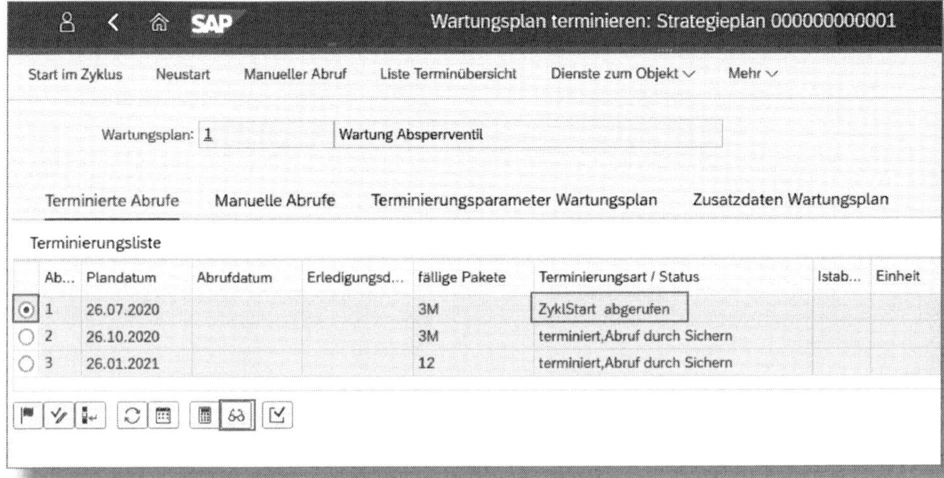

Abbildung 3.36: Zyklus erzeugt

Der Instandhaltungsauftrag ist nun angelegt, und Sie können zum Starttermin mit der Wartung beginnen (siehe Abbildung 3.37).

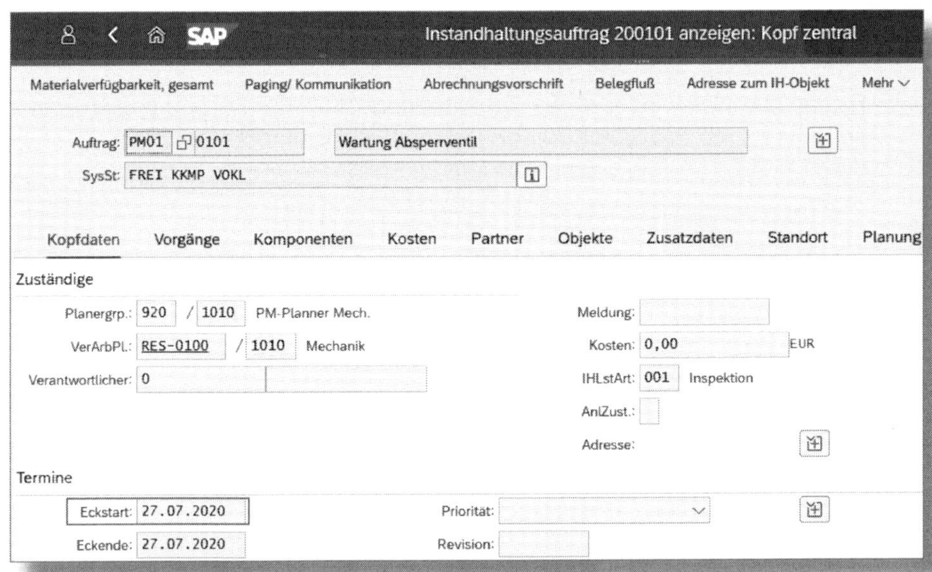

Abbildung 3.37: Instandhaltungsauftrag

Automatische Terminierung

Um Terminierungen automatisch anzulegen, empfehle ich die GUI-Transaktion *IP30*. Sie geben hier alle notwendigen Daten ein, mit denen Sie eine Wartungsplanterminierung periodisch als *Job* ausführen lassen. Der Job ruft dann zur Laufzeit jeweils die Transaktion IP10 im Hintergrund auf und terminiert die Wartungspläne.

Job

Jobs in SAP sind ABAP-Programme oder Reports, die im Hintergrund ausgeführt werden. Damit können wiederkehrende Prozesse einfach und effektiv ausgeführt werden, ohne die Systemperformance zu beeinträchtigen.

Im oberen Teil der Eingabemaske (siehe Abbildung 3.38) geben Sie die erforderlichen Selektionskriterien für die Wartungspläne ein, die Sie mit diesem Planlauf ansprechen möchten. Wenn Sie alle Felder leer lassen, werden alle Wartungspläne im System berücksichtigt. Ich habe hier auf die WARTUNGSPLANSTRATEGIE *B* und das PLANUNGSWERK *1010* eingeschränkt.

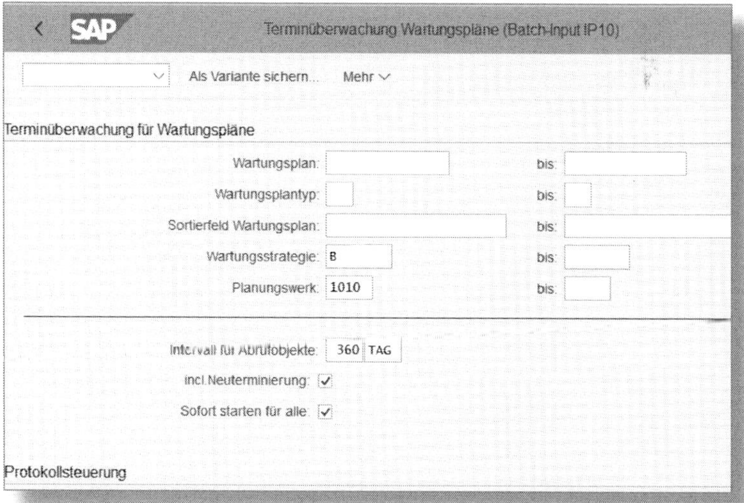

Abbildung 3.38: Terminüberwachung Wartungspläne (obere Bildschirmhälfte)

Mit nachfolgender Kurzbeschreibung zu den einzelnen Feldern möchte ich Ihnen einen Einblick in die Funktionen hinter den Feldnamen geben:

- Wartungsplan: Hier können Sie vorgeben, ob Sie nur einzelne oder alle Wartungspläne terminieren möchten.
- Wartungsplantyp: Bestimmen Sie, für welchen Wartungsplantyp die automatische Terminierung laufen soll. Für die Instandhaltung geben Sie hier immer »PM – Instandhaltungsauftrag« ein.
- Sortierfeld Wartungsplan: Diese Einträge werden im Customizing festgelegt. Haben Sie im Wartungsplan das Sortierfeld gepflegt (z. B. Mechanik, Elektronik etc.), können Sie damit gezielt die Wartungen für einzelne Bereiche terminieren.
- Wartungsstrategie: In diesem Feld lässt sich festlegen, dass mit dieser Variante nur Wartungspläne einer bestimmten Wartungsstrategie terminiert werden (siehe Abschnitt 3.1.3).
- Planungswerk: Sie definieren hier das Planungswerk, für das die Terminierung laufen soll.
- Intervall für Abrufobjekte: Hier legen Sie fest, für welchen Zeitraum Wartungsabrufobjekte für wartende Abrufe erstellt werden. Mit diesem Parameter können Sie steuern, um wie viele Tage die Abrufobjekte im Voraus erzeugt werden.
- Inkl. Neuterminierung: Wenn dieses Kennzeichen gesetzt ist (Standard), wird immer eine Neuterminierung durchgeführt. Dabei ist sichergestellt, dass stets mindestens ein wartender Abruf vorhanden ist. Ist das Kennzeichen nicht gesetzt, muss der letzte Instandhaltungsauftrag technisch abgeschlossen sein, und die Termine im Wartungsplan müssen manuell aktualisiert werden.
- Sofort starten für alle: Auch dieses Kennzeichen ist in der Standardeinstellung aktiv. Damit ist sichergestellt, dass die fälligen Wartungspläne sofort terminiert werden. Fehlt der Haken, wird eine Liste der fälligen Wartungspläne angezeigt und Sie müssen manuell diejenigen auswählen, für die ein Instandhaltungsauftrag angelegt werden soll.

- ANWENDUNGSLOG: Ist dieses Kennzeichen gesetzt, erzeugt das System direkt nach der Terminierung ein Protokoll. Läuft die Terminierung als Hintergrundjob, wird dieses Protokoll nicht angezeigt, kann jedoch bei Bedarf aus dem Menü der Wartungsplanung aufgerufen werden.
- PROTOKOLL (BATCH-INPUT): Wenn Sie dieses Kennzeichen anstelle des ANWENDUNGSLOGS setzen, erzeugt das System ein Protokoll und gibt dieses über einen Spool-Auftrag aus. Ein Spool-Auftrag ist ein Dokument, das für einen Druck ausgewählt, aber noch nicht gedruckt wurde.
- WEITERE DETAILS: Markieren Sie dieses Feld, werden detaillierte Informationen zur Terminierung für den ANWENDUNGSLOG bzw. für den BATCH-INPUT angezeigt. Diese Informationen werden auf Basis des Planungswerks und nicht für den Wartungsplan ausgegeben.

In der unteren Hälfte des Einstiegs in die Transaktion *IP30* nehmen Sie zudem Einstellungen vor, mit denen Sie festlegen, wie der Hintergrundjob abläuft und wie mit eventuellen Fehlern umgegangen werden soll (siehe Abbildung 3.39).

Modus: Call Transaction / BDC-Mappe
Call-Transaction: ◉
Callmodus: N
BDC-Mappe: ○
Group Name: IP1020201209
Userid: NEISS
Sichern fehlerhafter Transaktionen
Fehlerhaft sichern: ☐
PC Datei / Frontend: ○
Unix Datei: ◉
Name der Datei:
AS-Instanz:

Abbildung 3.39: Terminüberwachung Wartungspläne (untere Bildschirmhälfte)

- Call Transaction: Wenn Sie diesen Modus wählen, zeigt das System die Terminierung für jeden gewählten Wartungsplan im Vordergrund an.
- Callmodus: Hiermit bestimmen Sie den Modus der Funktion Call Transaction. Mögliche Modi sind:
  - N = dunkel abspielen (Standardeinstellung)
  - A = alle Dialogfelder anzeigen
  - E = nur fehlerhafte Bilder anzeigen
- BDC-Mappe: Mit diesem Kennzeichen legt das System eine BDC-Mappe an. Diese muss dann aus der entsprechenden Transaktion (*SM35*) manuell angestoßen und abgespielt werden. »BDC« steht für »Batch Data Communication« und beschreibt eine Textdatei, in der alle Daten stehen, die zu der Transaktion gehören. Beim Abspielen einer BDC-Mappe wird die voreingestellte Transaktion ausgeführt, und die Felder werden mit den Daten aus der Textdatei befüllt.
- Group Name: Wenn Sie eine BDC-Mappe anlegen, ist dies der Name der Batch-Input-Mappe.
- Userid: Hier wird der Benutzer angegeben, der in der BDC-Mappe genannt wird (Standard: Ihre User-ID).
- Fehlerhaft sichern: Fehlerhafte Transaktionen werden als Datei gespeichert.
- PC Datei/Frontend: Fehlerhafte Transaktionen werden auf der Festplatte des lokalen PC gesichert.
- Unix-Datei: Fehlerhafte Transaktionen werden als Application-Server-Datei gesichert.
- Name der Datei: Hier finden Sie den Verzeichnispfad und den Namen der zu ladenden Datei.
- AS-Instanz: Der Feldname steht für »Applikationsserver-Instanz«. Dabei handelt es sich um eine administrative Einheit eines SAP-Systems, die Funktionen zur Datenverarbeitung zur Verfügung stellt.

Über den Button Ausführen terminieren Sie die Wartungspläne sofort. Alternativ können Sie Ihre Eingaben speichern, indem Sie auf Als Variante sichern... klicken. Mittels dieser Variante kann dann der oben beschriebene Job ausgeführt werden.

Callmodi

Modus N: Die Transaktion zum Terminieren der fälligen Wartungspläne wird im Dunkeln abgespielt, das bedeutet, dass das System diese Transaktion im Hintergrund ausführt und der Anwender nur die erzeugten Wartungsaufträge sieht.

Modus A: In diesem Modus wird beim Terminieren der Wartungspläne jeder Schritt der Transaktion im Vordergrund angezeigt und muss manuell durch `Enter` bestätigt werden. Dieser Modus dient nur zu Testzwecken.

Modus E: Hier werden die Transaktionen wie beim Modus N im Dunkeln abgespielt. Läuft das Programm jedoch auf einen Fehler, z. B. durch eine falsche Eingabe im Wartungsplan, wird der fehlerhafte Schritt angezeigt; der Anwender hat dann die Möglichkeit, die Eingabe zu korrigieren, bevor er das Programm weiterlaufen lässt.

Aus diesen Stammdaten und der Terminierung, manuell oder per Hintergrundjob, ergibt sich anschließend der Prozess der vorbeugenden Instandhaltung durch Abarbeitung der angelegten Instandhaltungsaufträge (siehe Abschnitt 3.3.2).

3.2 Vorbeugende Instandsetzung – leistungsbasiert

Bei der leistungsabhängigen Instandsetzung erfolgt die Terminierung über Leistungsgrößen, wie Betriebsstunden oder Kilometer. Das bedeutet, die zuvor angelegte Wartungsstrategie (siehe Abschnitt 3.1.3), die auf Kalenderzyklen basiert, nimmt hierauf keinen Einfluss.

Bei einem leistungsbasierten Wartungsplan erfolgt der Abruf innerhalb eines Wartungszyklus (z. B. alle 100 Betriebsstunden) nach Zählerständen. Immer wenn der Zählerstand den Zyklus erreicht hat (oder kurz davor), generiert das System einen neuen Wartungsauftrag.

Hierfür muss einem technischen Objekt zunächst, wie im nächsten Abschnitt beschrieben, ein Messpunkt zugeordnet werden.

3.2.1 Messpunkt anlegen

Zum Anlegen eines Messpunkts verwenden Sie die App »Technisches Objekt ändern« (siehe Abbildung 3.40).

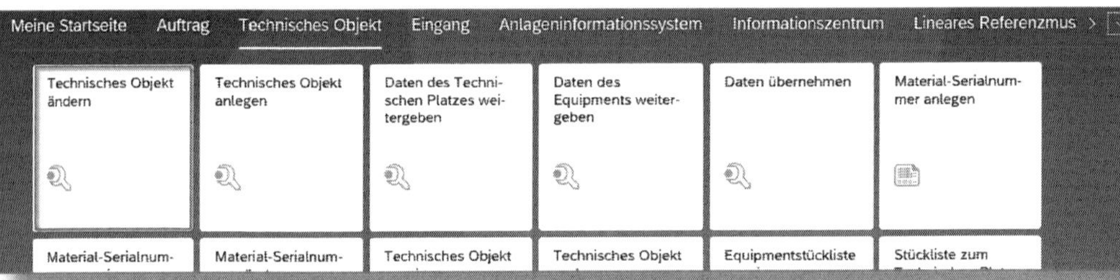

Abbildung 3.40: Technisches Objekt ändern

Im folgenden Bildschirm geben Sie die Nummer des Equipments (oder des technischen Platzes) ein (siehe Abbildung 3.41) und klicken auf Weiter.

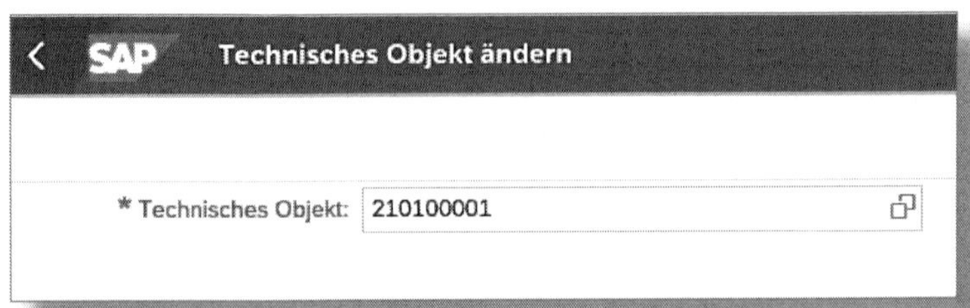

Abbildung 3.41: Einstieg zur Änderung des technischen Objekts

Sie werden zum Reiter ALLGEMEINE DATEN weitergeleitet, wo Sie über den Menüpunkt SIE KÖNNEN AUCH einen MESSPUNKT ANLEGEN treffen (siehe Abbildung 3.42).

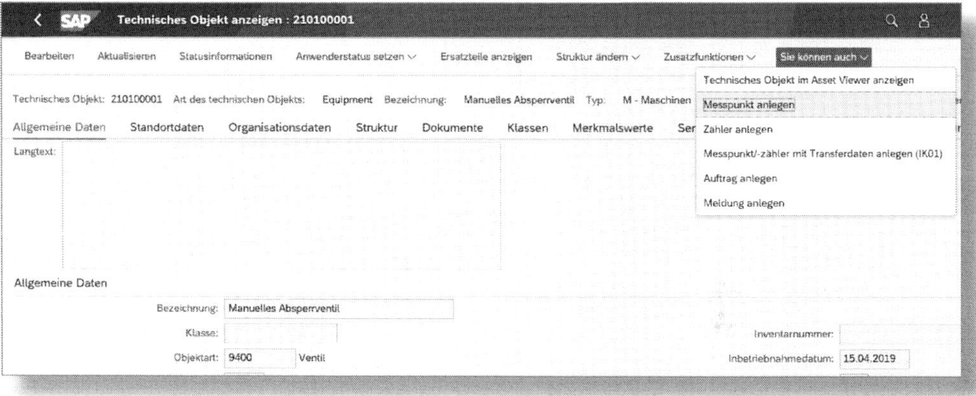

Abbildung 3.42: Messpunkt zum Equipment anlegen

Alternativ erstellen Sie diesen Messpunkt direkt über die Fiori-App »Messpunkt anlegen« (siehe Abbildung 3.43).

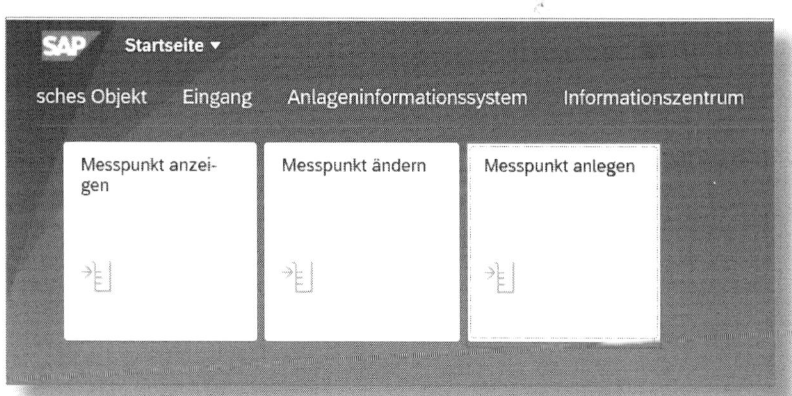

Abbildung 3.43: Messpunkt über Fiori-App anlegen

Im Einstiegsbild (siehe Abbildung 3.44) vermerken Sie, dass Sie einen MESSPUNKT ZUM TECHNISCHEN OBJEKT anlegen möchten. Dazu geben Sie die Nummer des technischen Objekts (hier: Equipment) ein.

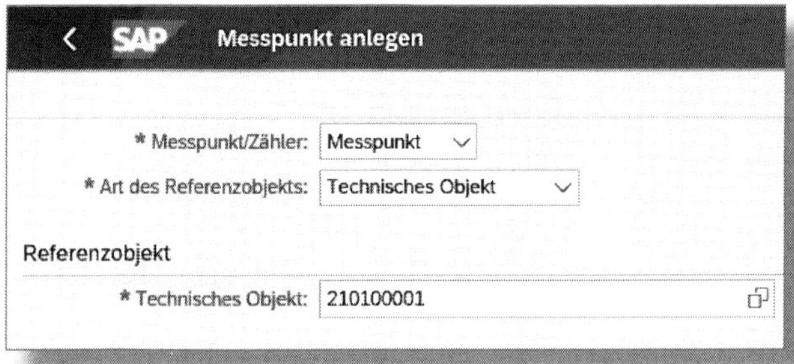

Abbildung 3.44: Einstieg zum Anlegen eines Messpunkts über die Fiori-App

Mit einem Klick auf Weiter erreichen Sie das Datenbild zum Messpunkt (siehe Abbildung 3.45). Obwohl Sie den Messpunkt zum Equipment anlegen, müssen Sie die Daten hier manuell eingeben.

Abbildung 3.45: Daten zum Messpunkt (Fiori-App)

Das Ergebnis sehen Sie in Abbildung 3.46. Im oberen Bildschirmausschnitt des Messpunkts stehen neben einem optionalen LANGTEXT die ALLGEMEINEN DATEN, die den Messpunkt näher beschreiben.

Abbildung 3.46: Messpunkt (oberer Bildschirmausschnitt)

Im Feld BEZEICHNUNG geben Sie einen Kurztext sowie eine Beschreibung der MESSPOSITION des Messpunkts am technischen Objekt an. Die weiteren Felder haben folgende Bedeutung:

MERKMAL: Name des Klassenmerkmals, das dem Messpunkt zugrunde liegt. In diesem Merkmal (Pflege Klassenmerkmal: GUI-Transaktion *CT04*) werden Vorschlagswerte, z. B. zu Nachkommastellen und zur Merkmalseinheit, hinterlegt. Dadurch können Werte im Merkmal direkt geändert und dann über eine Massenänderung in alle Messpunkte übernommen werden.

NACHKOMMASTELLEN (Dezimalstellen). Diese werden aus dem Klassenmerkmal übernommen, können aber im Messpunkt überschrieben werden.

CODEGRUPPE: Sofern dieser Messpunkt nur Bewertungscodes enthält, geben Sie hier die Codegruppe ein, in der die möglichen Werte zusammengefasst sind. Bewertungscodes können nur für qualitative Bewertungen genutzt werden.

Bewertungscodes sind Teile eines Katalogs, der im SAP-Qualitätsmanagement zur Erfassung vordefinierter Ergebnisse dient.

Beispiel:

- Code A: Prüfergebnis angenommen
- Code R: Prüfergebnis rückgewiesen

MESSPUNKTTYP: DIES IST der Schlüssel (Customizing), mit dem Sie den Messpunkttyp eindeutig beschreiben. An diesem Typ hängen z. B. Katalogarten für die Bewertung oder unterschiedliche Meldungen, die bei Abweichungen des festgelegten Messbereichs ausgelöst werden.

MESSPUNKT IST ZÄHLER: Mit diesem Kennzeichen legen Sie fest, dass es sich hier um einen Zähler handelt. Messpunkte werden immer dann als Zähler abgebildet, wenn es sich um Zählerstandsentwicklungen handelt, also um Zähler, die aufsteigend oder absteigend zählen.

Zur Ansicht von Abbildung 3.47 gelangen Sie, wenn Sie weiter nach unten scrollen. Unterhalb der Angaben zum REFERENZOBJEKT, die das System aus dem technischen Objekt zieht, zu dem der Messpunkt angelegt wird, sind noch die Angaben zu ZIELGRENZEN UND ZÄHLERDATEN zu ergänzen. Unter *Zielgrenzen* versteht man hier die Bereichsgrenzen, während die *Zählerdaten* die Zählersprungmarke und der Schätzwert sind.

Abbildung 3.47: Messpunkt (unterer Bildschirmausschnitt)

Hier sind folgende Felder von besonderem Interesse:

ZÄHLERSPRUNGMARKE: Diese Messmarke repräsentiert den ersten Wert, der vom Zähler nicht mehr dargestellt werden kann. Haben Sie vierstellige Werte, wäre hier die erste fünfstellige Zahl (10.000) einzutragen. Dieser Wert wird vom System für die Terminierung der Wartungspläne benötigt.

SCHÄTZWERT FÜR EIN JAHR: Auch dieser Wert wird für die Terminierung genutzt und stellt einen von Ihnen angenommenen Wert für die jährliche Beanspruchung/Leistung des technischen Objekts dar.

OBERE/UNTERE MESSBEREICHSGRENZE: Höchster/niedrigster Wert, der in einem Messbeleg zum Messpunkt eingegeben werden kann. Dies ist bei Zählern, die aufwärts zählen, der maximal erreichbare und bei solchen, die rückwärts laufen, der minimal erreichbare Gesamtzählerstand. Es handelt sich hierbei also um eine Plausibilitätsprüfung. Die Reaktion des Systems bei einer Über- oder Unterschreitung können Sie im Customizing je Messpunkttyp einstellen.

ZÄHLER ZÄHLT RÜCKWÄRTS: Dies ist der Indikator, der angibt, dass der Zähler rückwärts läuft. Bei einer Erfassung prüft das System, ob die Zählerstandsentwicklung fallend ist.

Nachdem Sie alle Angaben vorgenommen haben, speichern Sie den Messpunkt zum Equipment mit Klick auf Sichern.

Legen Sie danach einen initialen *Messbeleg* zum Messpunkt an. In einem Messbeleg wird festgehalten, wann das Objekt mit welchem Initialzählerstand in Betrieb genommen wurde bzw. mit welchen Zählerständen weitere Wartungen durchgeführt wurden. Meine Empfehlung ist, dies über die GUI-Transaktion *IK11* zu erledigen. Sie können sich auch, sofern Sie das bevorzugen, eine App zur GUI-Transaktion *IK11* erzeugen (siehe Abschnitt 3.4.4).

Über diese Transaktion erreichen Sie die Einstiegsmaske für die Anlage eines Messbelegs (siehe Abbildung 3.48).

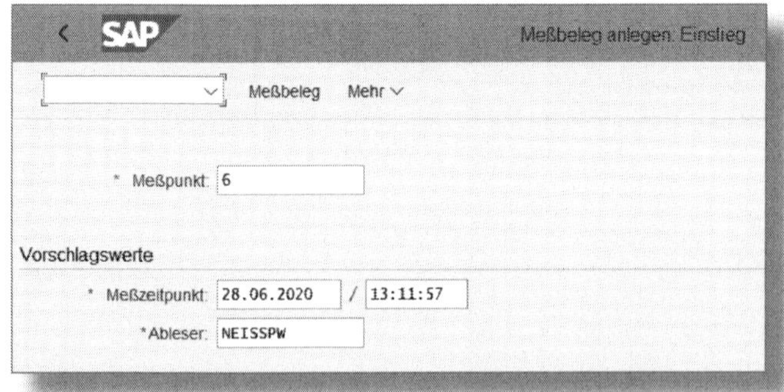

Abbildung 3.48: Anlage eines (initialen) Messbelegs

Tragen Sie den zuvor angelegten Messpunkt und das Datum des Messzeitpunkts ein.

Auf der Sicht ALLGEMEINE DATEN geben Sie nur den initialen Zählerstand (bei Erstinbetriebnahme = 0) ein (siehe Abbildung 3.49).

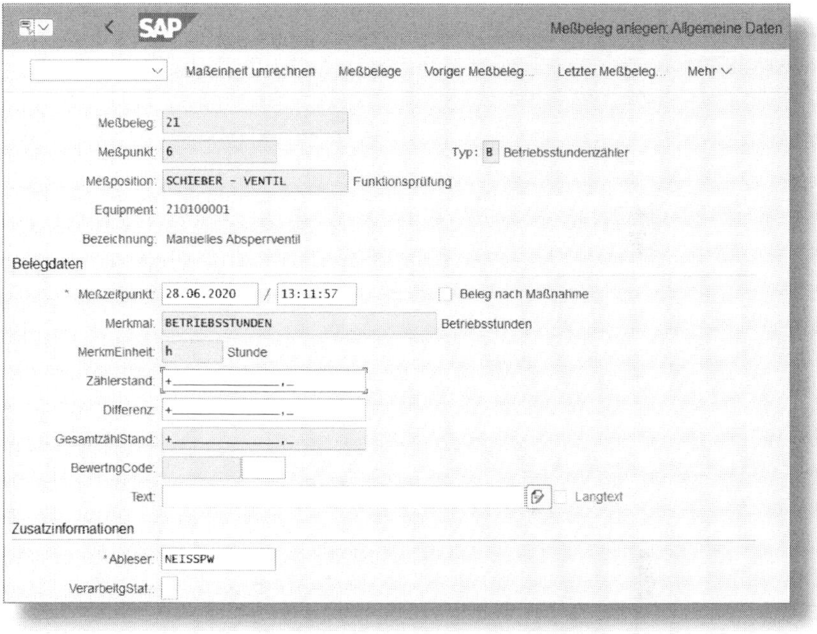

Abbildung 3.49: Zählerstand im Messbeleg

Sichern Sie den Initialmessbeleg.

3.2.2 Einzelzyklusplan anlegen

Der Einzelzyklusplan ist die einfachste Form des Wartungsplans. Mit diesem Wartungsplan können Sie, genau wie mit einem Strategieplan, leistungs- oder zeitabhängige Wartungszyklen abbilden. Darin wird genau definiert, in welchem Zyklus die Wartung durchgeführt werden muss. Aus diesem Grund wird dieser Plan für die Abbildung einfacher

Wartungszyklen herangezogen im Unterschied zu einem Strategieplan, der für komplexe Wartungsarbeiten vorgesehen ist.

Rufen Sie über die App »Wartungsplan anlegen« (siehe Abschnitt 3.1.5) die Pflege der Wartungspläne auf und legen Sie einen Wartungsplan mit der WARTUNGSPLANART *Einzelzyklus leistungsabhängig* an (siehe Abbildung 3.50).

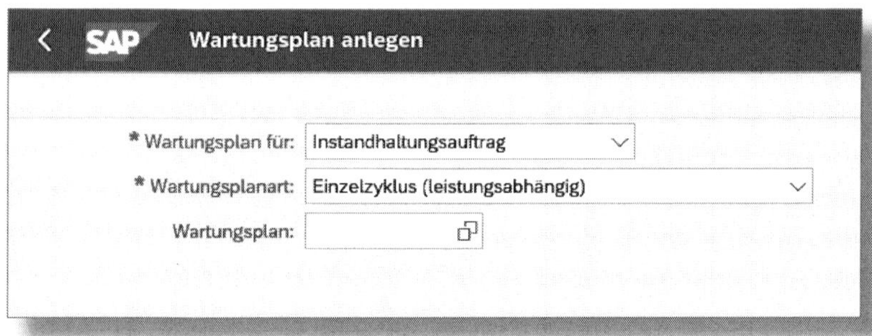

Abbildung 3.50: Wartungsplan – leistungsabhängig

Sie erreichen danach die Positionsübersicht des Wartungsplans (siehe Abbildung 3.51).

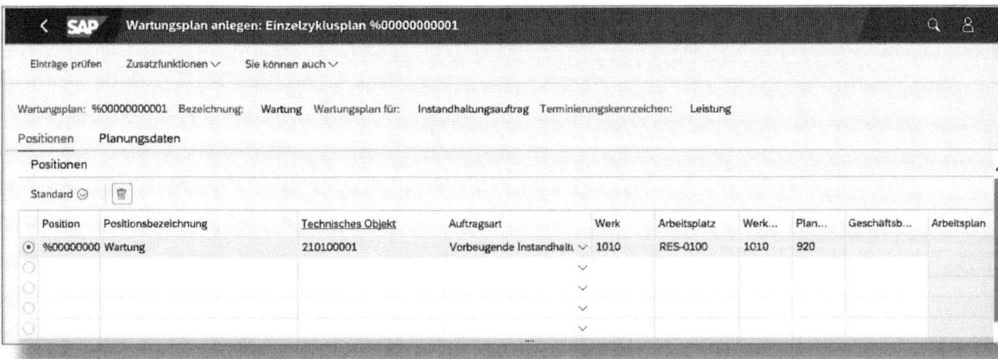

Abbildung 3.51: Einzelzyklusplan, leistungsorientiert – Planungsdaten (oberer Ausschnitt)

Geben Sie hier eine Positionsbezeichnung, das technische Objekt und die Auftragsart ein. Den Rest der Eingaben zieht sich das System aus den Angaben im technischen Objekt.

Im unteren Teil des Bildes (siehe Abbildung 3.52) tragen Sie, sofern Sie Kosten zur Wartung erfassen möchten, die Instandhaltungsleistungsart ein. Auch hier werden die restlichen Angaben aus dem technischen Objekt übernommen.

Sie können zudem einen Arbeitsplan zuordnen (siehe Abschnitt 3.1.2). Dadurch wird im Instandhaltungsauftrag auf die Vorgänge, die Sie im Arbeitsplan gepflegt haben, verwiesen. Wenn Sie hier keinen Arbeitsplan zuordnen, wird trotzdem ein Auftrag angelegt, allerdings werden die Daten aus der Wartungsposition in den Auftrag übernommen.

Eine Wartungsstrategie müssen Sie bei der leistungsbasierten vorbeugenden Wartung nicht angeben, da die Wartungsintervalle im Wartungsplan vorgegeben sind und durch die Messbelege aktualisiert werden.

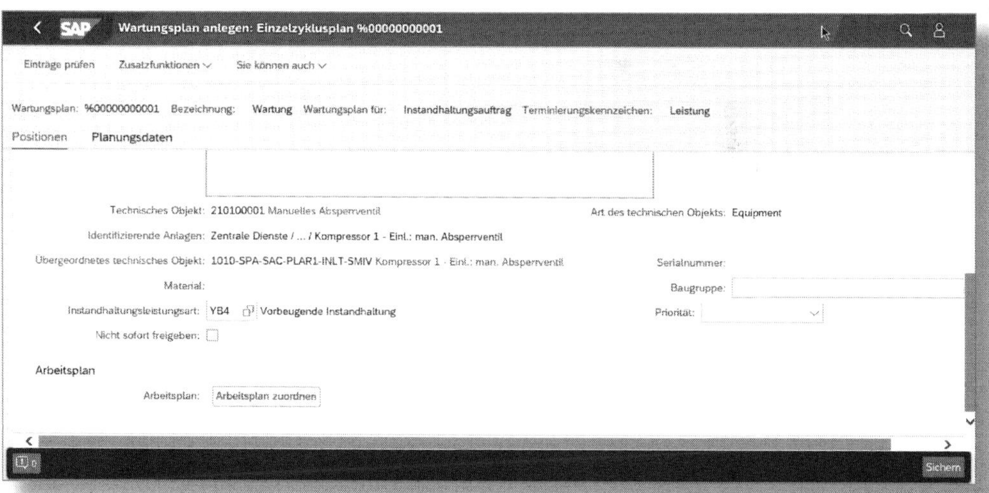

Abbildung 3.52: Einzelzyklusplan, leistungsorientiert – Positionen (unterer Ausschnitt)

Wechseln Sie nun zum Reiter PLANUNGSDATEN (siehe Abbildung 3.53). Hier ist nur der untere Bildschirmausschnitt interessant, da im oberen lediglich Texte gepflegt werden. Er zeigt die DATUMSERMITTLUNG, die bereits in Tabelle 3.6 erklärt wurde.

Den ERÖFFNUNGSHORIZONT sollten Sie bei dieser Art der Instandhaltung auf mindestens 90 Prozent einstellen. Damit verhindern Sie, dass Wartungsaufträge zu früh erzeugt werden (siehe ausführlich Abschnitt 3.2.3).

Im Bereich ZYKLUS geben Sie den gewünschten ZYKLUS und die EINHEIT ein. Im Gegensatz zum Strategieplan (siehe Abschnitt 3.4.1) werden die Wartungszyklen direkt im Wartungsplan gepflegt.

In das Feld ZÄHLER tragen Sie den Zähler ein, den wir in Abschnitt 3.2.1 erzeugt haben.

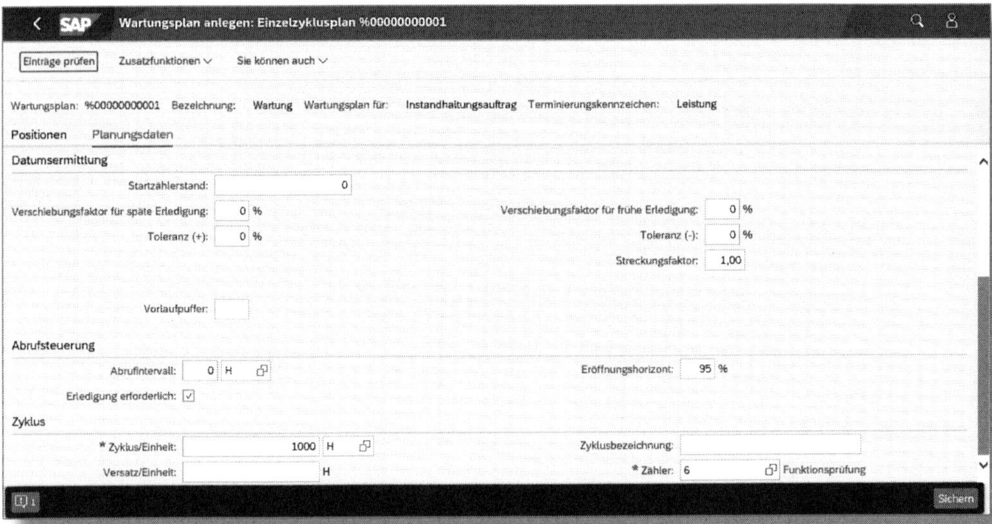

Abbildung 3.53: Einzelzyklusplan, leistungsorientiert – Planungsdaten (unterer Ausschnitt)

Danach speichern Sie den Wartungsplan mit einem Klick auf Sichern.

3.2.3 Terminierung einer leistungsabhängigen Wartung

Wenn Sie den Wartungsplan wie bereits in Abschnitt 3.1.6 beschrieben terminieren, beginnt die Terminierung nicht wie beim zeitabhängigen Strategieplan mit dem Datum, sondern mit dem Zählerstand der letzten Wartung (siehe Abbildung 3.54). In unserem Beispiel beträgt dieser »0«, da wir davon ausgehen, dass dieses Equipment neu in Betrieb genommen wurde.

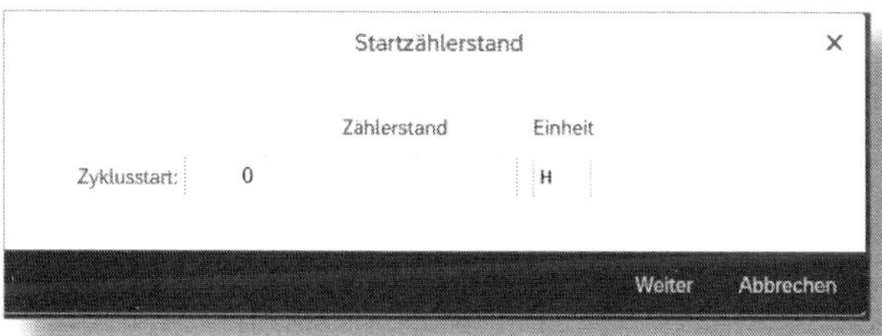

Abbildung 3.54: Einzelzyklusplan terminieren

Das nächste Abrufdatum wäre in unserem Fall der 02.08.2020 (siehe Abbildung 3.55).

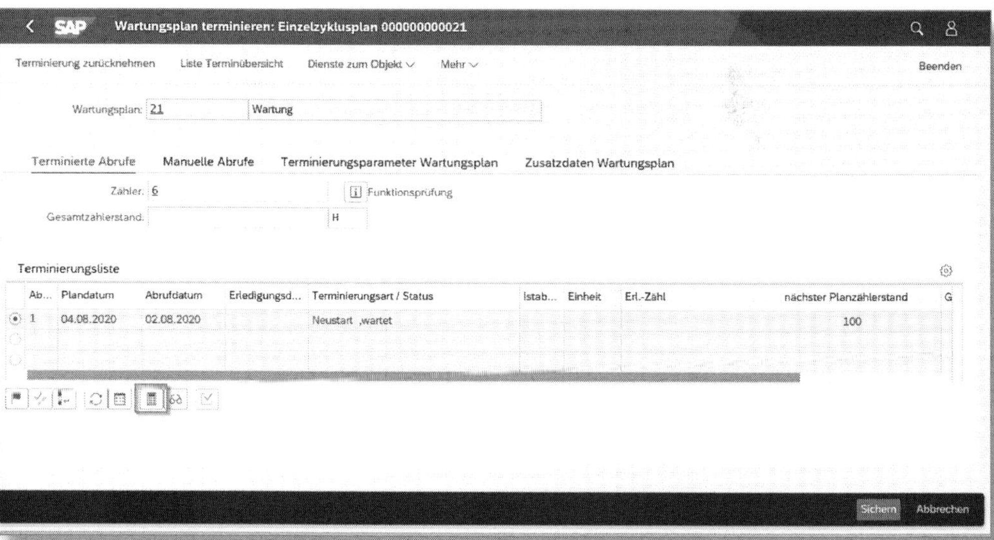

Abbildung 3.55: Abruf des Wartungsauftrags

Wenn Sie in dieser Ansicht auf das kleine Rechnersymbol klicken, zeigt Ihnen das System in der ZÄHLERHISTORIE die Berechnung dieses Intervalls (siehe Abbildung 3.56).

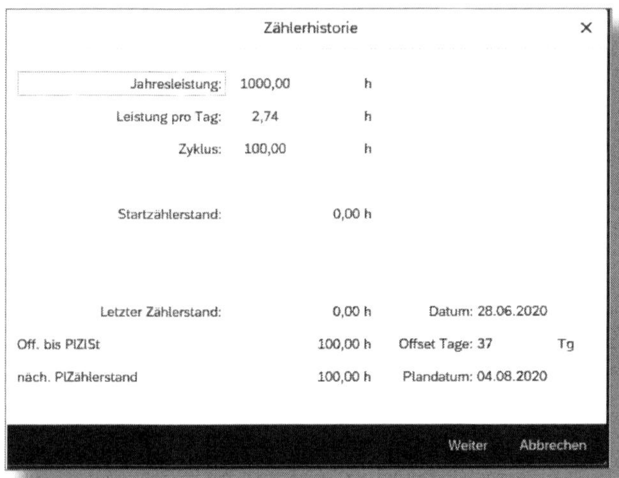

Abbildung 3.56: Zählerhistorie

Dabei wird die LEISTUNG PRO TAG anhand der JAHRESLEISTUNG berechnet. Der angenommene Wartungszyklus von 100 Stunden entspräche einem Wartungsintervall von 36,5 Tagen, also der Differenz zwischen dem 28.06.2020 (dem Tag des letzten Messbelegs) und der geplanten Wartung am 04.08.2020. Dabei geht das System davon aus, dass diese Leistung linear über das ganze Jahr abgerufen wird.

3.2.4 Auftrag rückmelden

Die *Rückmeldung* eines Auftrags ist auch in Abschnitt 3.3.2 (Rückmeldung erfassen und Auftrag abschließen) beschrieben.

Mit der Rückmeldung erfassen Sie Zeiten und Materialien, die zur Erledigung eines Auftrags oder eines Vorgangs zum Auftrag benötigt wurden.

Sie erstellen die Rückmeldung zu einem Wartungsauftrag oder einem Vorgang zum Auftrag, sofern mehrere Vorgänge (Arbeitsschritte) für die Wartung notwendig sind. Aufgrund dessen wird die Rückmeldung immer einer Auftragsnummer und der zugehörigen Vorgangsnummer zugeordnet (siehe Abbildung 3.57).

Abbildung 3.57: Rückmeldung zum leistungsabhängigen Instandhaltungsauftrag

Im nächsten Bild der Rückmeldung erfassen Sie ARBEITSBEGINN und ARBEITSENDE sowie ggf. die geschätzte Zeit für die erforderliche RESTARBEIT (siehe Abbildung 3.58). Letztere wird immer dann eingetragen, wenn die Wartung nicht vollständig abgeschlossen werden konnte.

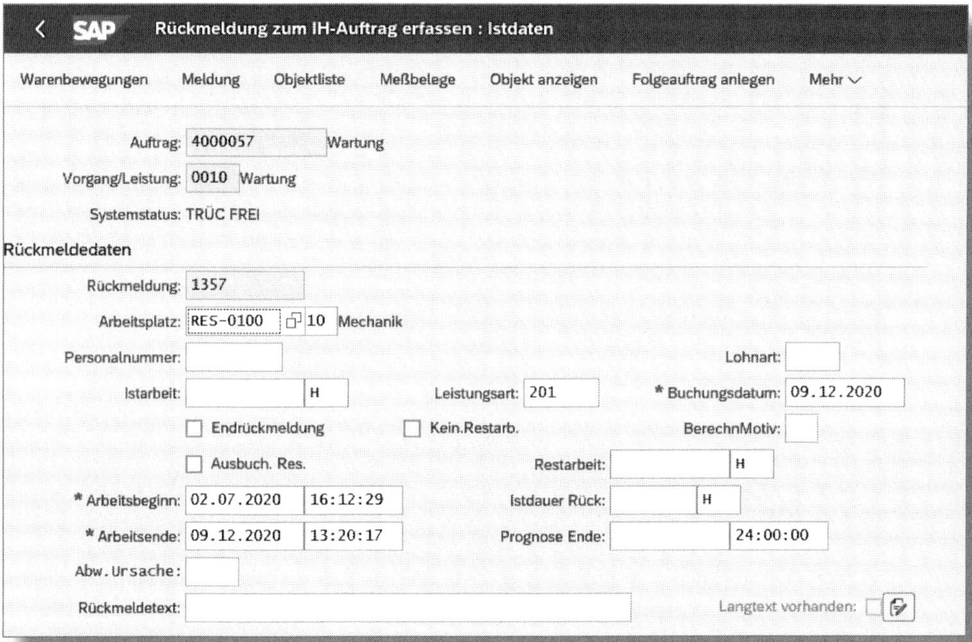

Abbildung 3.58: Rückmeldung zum leistungsbezogenen IH-Auftrag

Darüber hinaus haben Sie hier über den Button Meßbelege die Möglichkeit, den aktuellen Zählerstand anzuzeigen, also den Stand, der nach der Beendigung der Wartung ausgegeben wird (siehe Abbildung 3.59).

Gehen Sie mit dem Button < zurück in die Rückmeldung und speichern Sie diese (Sichern).

SAP Sammelerfassung Meßbelege: Übersicht

Meßbeleg | Einträge löschen | Sortieren | Maßeinheit umrechnen | Alle Meßp. am Objekt | Zähler des Objekts | Mehr

Auftrag: 4000057

Technischer Platz: 1010-SPA-SAC-PLAR1-INLT-SMIV

Bezeichnung: Kompressor 1 - Einl.: man. Absperrventil

Equipment: 210100001

Bezeichnung: Manuelles Absperrventil

Vorschlagswerte für neue Einträge

Meßzeitpunkt: 09.12.2020 / 13:21:12 * Ableser: NEISSPW

Meßbelege

Meßpunkt	Meßposition	Bezeichnung			Bew.	N
Meßwert/Zählerstand	Einh.	Zählerstandsdifferenz	Meßzeitpunkt		S	V
6	SCHIEBER - VENTIL	Funktionsprüfung				
55,0	h	55,0	02.07.2020	16:19:42		

Abbildung 3.59: Messbeleg erfassen

Terminierung eines leistungsabhängigen Wartungsplans

Jedes Mal, wenn ein Messbeleg erfasst wird, führt das System eine Neuterminierung durch. Dadurch ändert sich auch der Wartungstermin (siehe Abbildung 3.60).

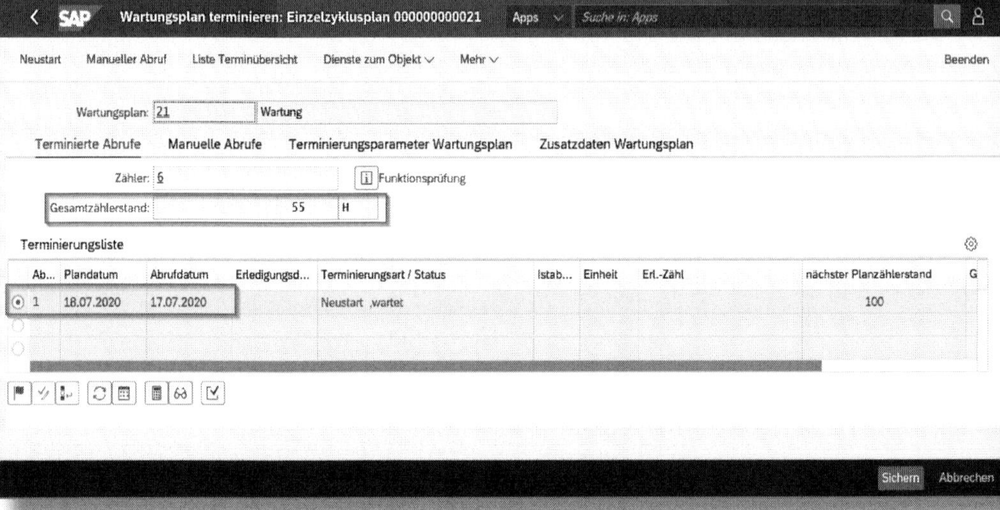

Abbildung 3.60: Wartungsplan, neu terminiert

Die neue Terminierung basiert auf der Tatsache, dass die erste Wartung bereits nach 55 Stunden durchgeführt wurde (siehe Abbildung 3.61).

Zählerhistorie

Jahresleistung:	1000,00	h		
Leistung pro Tag:	2,74	h		
Zyklus:	100,00	h		
Startzählerstand:		0,00 h		
Letzter Zählerstand:		55,00 h	Datum: 02.07.2020	
Off. bis PlZlSt		45,00 h	Offset Tage: 16	Tg
näch. PlZählerstand		100,00 h	Plandatum: 18.07.2020	

Weiter Abbrechen

Abbildung 3.61: Zählerhistorie nach Neuterminierung

3.2.5 Leistungsabhängiger Strategieplan

Sie können eine leistungsabhängige Wartung auch auf Basis eines Strategieplans durchführen. Dies kommt dann zur Anwendung, wenn Sie verschiedene Wartungen nach unterschiedlichen Zählerständen durchführen müssen. Das bedeutet in unserem Beispiel, dass Sie Wartungen nach 100, 250, 500 und 1.000 Stunden absolvieren (siehe Abbildung 3.62).

In diesem Fall müssen Sie einen Arbeitsplan einbinden, dessen Strategie mit derjenigen des Wartungsplans identisch ist (siehe Abbildung 3.63).

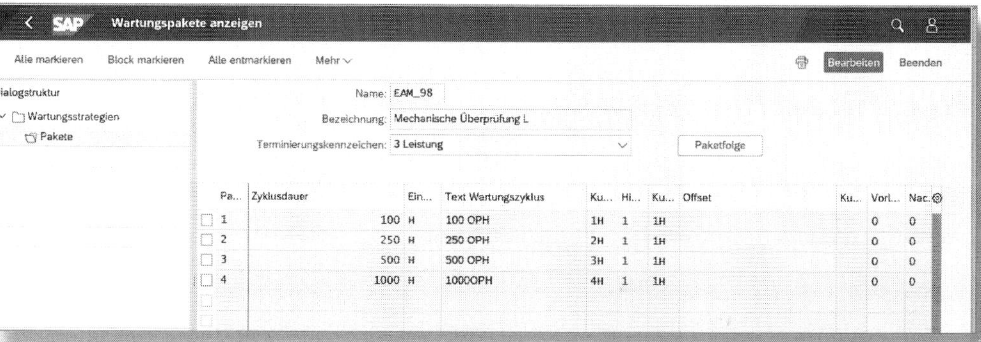

Abbildung 3.62: Wartungsstrategie, leistungsabhängig

Diese Wartungsstrategie unterscheidet sich nur durch das TERMINIERUNGSKENNZEICHEN »Leistung« im Kopf der Strategie sowie durch die Einheit der Leistung (Betriebsstunden, Kilometer, Menge etc.), wie Abbildung 3.62 zeigt.

Alle anderen Daten entsprechen denen, die ich in Abschnitt 3.1.3 bereits beschrieben habe.

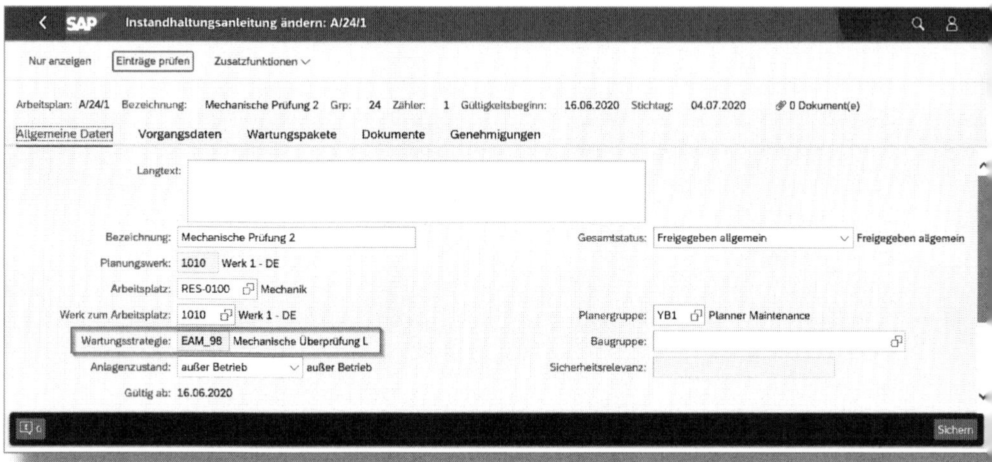

Abbildung 3.63: Arbeitsplan – leistungsabhängige Wartung

In diesem Arbeitsplan sind die Wartungspakete der Strategie (siehe Abbildung 3.62) den jeweiligen Vorgängen zugeordnet (siehe Abbildung 3.64).

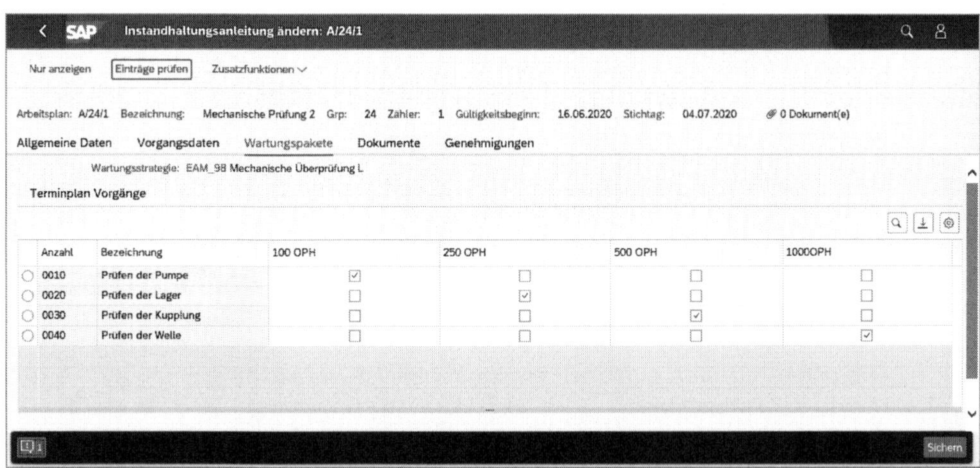

Abbildung 3.64: Wartungspakete, leistungsabhängig

Es werden also Abrufe erzeugt, die nach der Wartungsstrategie berechnet werden (siehe Abbildung 3.65).

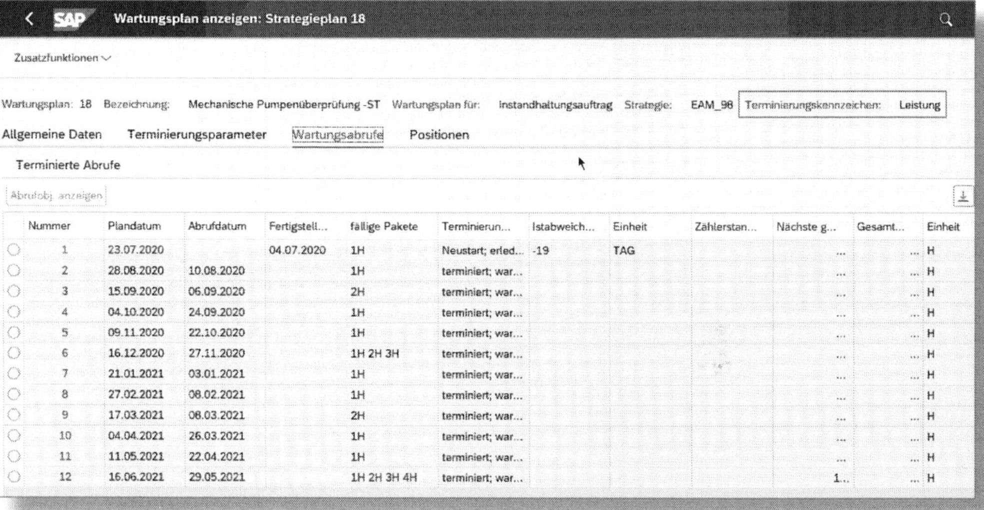

Nummer	Plandatum	Abrufdatum	Fertigstell...	fällige Pakete	Terminierun...	Istabweich...	Einheit	Zählerstan...	Nächste g...	Gesamt...	Einheit
1	23.07.2020		04.07.2020	1H	Neustart; erled...	-19	TAG		...	...	H
2	28.08.2020	10.08.2020		1H	terminiert; war...				...	...	H
3	15.09.2020	06.09.2020		2H	terminiert; war...				...	...	H
4	04.10.2020	24.09.2020		1H	terminiert; war...				...	...	H
5	09.11.2020	22.10.2020		1H	terminiert; war...				...	...	H
6	16.12.2020	27.11.2020		1H 2H 3H	terminiert; war...				...	...	H
7	21.01.2021	03.01.2021		1H	terminiert; war...				...	...	H
8	27.02.2021	08.02.2021		1H	terminiert; war...				...	...	H
9	17.03.2021	08.03.2021		2H	terminiert; war...				...	...	H
10	04.04.2021	26.03.2021		1H	terminiert; war...				...	...	H
11	11.05.2021	22.04.2021		1H	terminiert; war...				...	...	H
12	16.06.2021	29.05.2021		1H 2H 3H 4H	terminiert; war...				1...	...	H

Abbildung 3.65: Strategieplan, terminiert

Auch hier muss, wie bereits in Abschnitt 3.2.4 beschrieben, ein Messbeleg erzeugt werden. Danach werden die wartenden Abrufe neu terminiert, sofern die Terminierungsparameter des Wartungsplans dies erfordern (siehe Tabelle 3.6).

3.3 Sofortinstandsetzung

Eine *Sofortinstandsetzung* ist dann erforderlich, wenn ein Teil einer Anlage oder diese komplett ausfällt. Dies bedeutet, dass für die Instandhaltung keine Planung von Materialien, Arbeitsplätzen etc. stattfinden kann. In einem solchen Fall muss schnellstmöglich reagiert werden.

Beispiele für eine Sofortinstandsetzung

Eine Sofortinstandsetzung erfolgt z. B., wenn

- ein Aufzug stecken bleibt,
- eine Waage keine Anzeige mehr ausgibt,
- eine Dosiereinrichtung in der laufenden Produktion ausfällt.

Üblicherweise wird in solchen Fällen eine *Instandhaltungs(IH)-Meldung* (siehe Abschnitt 3.3.1) angelegt. In dieser Meldung werden alle bekannten ausfallbezogenen Daten angegeben. Infolgedessen erteilt der zuständige Bearbeiter einen Instandhaltungsauftrag und weist die Durchführung einem Verantwortlichen zu. Nach Beendigung der Instandhaltung wird der Auftrag geschlossen (siehe Abbildung 3.66).

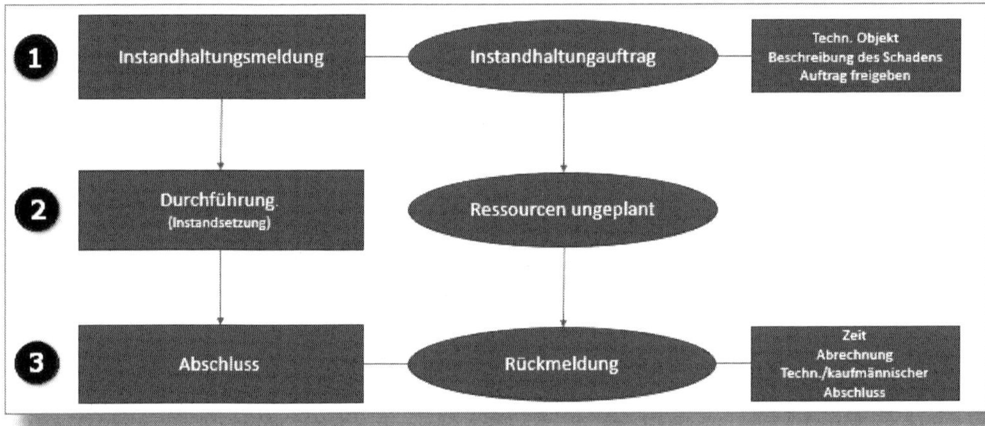

Abbildung 3.66: Ablauf einer Sofortinstandsetzung

Den Ablauf einer Sofortinstandsetzung erläutere ich in den folgenden Abschnitten 3.3.1 und 3.3.2.

3.3.1 IH-Meldung

Eine Instandhaltungsmeldung legen Sie immer an, wenn Sie in einer betrieblichen Ausnahmesituation eine Aktivität durchführen bzw. eine Maßnahme anfordern.

Die Anlage einer Instandhaltungsmeldung erfolgt stets manuell. Sie beschreiben darin beispielsweise den technischen Ausnahmezustand eines Objekts, oder Sie dokumentieren durchgeführte Maßnahmen bzw. Arbeiten.

Meldungen werden zur Dokumentation erledigter Maßnahmen oder Aktivitäten herangezogen und ermöglichen eine langfristige Auswertung von Fehlern, Lösungen oder Maßnahmen. Sie sollten von jedem Mitarbeiter, der eine solche Abweichung bemerkt, erfasst werden können, da Sie hier eine Abweichung vom Sollzustand beschreiben und damit mögliche schwerwiegende Folgefehler melden.

Sie erstellen eine IH-Meldung über die Fiori-App »Instandhaltungsmeldung anlegen« (siehe Abbildung 3.67).

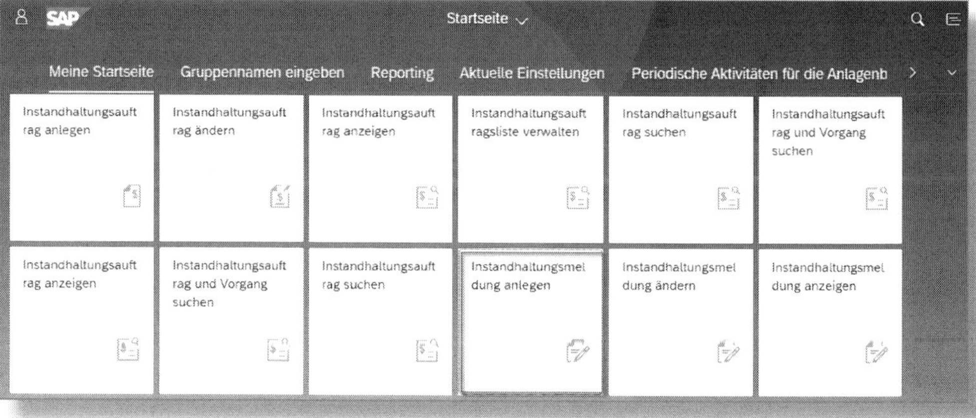

Abbildung 3.67: App zur Anlage einer IH-Meldung

Im Einstiegsbild (siehe Abbildung 3.68) wählen Sie die gewünschte Meldungsart aus.

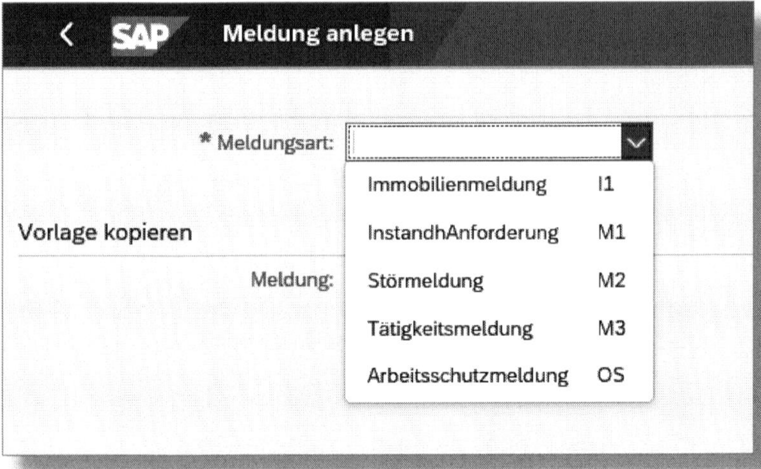

Abbildung 3.68: Einstieg zur Instandhaltungsmeldung

Meldungsarten werden im Customizing an die individuellen Anforderungen angepasst bzw. neu konfiguriert.

Wir wählen hier die Meldungsart M2 – STÖRMELDUNG und gelangen nach der Bestätigung durch Klick auf **Weiter** in das Eingabebild der ALLGEMEINEN DATEN zur Meldung (siehe Abbildung 3.69 und Abbildung 3.70).

Meldungsart anpassen

Die Meldungsart M2 ist eine SAP-Standard-Meldungsart mit Standardreitern und -eingabemöglichkeiten. Sie sollten diese Meldungsart kopieren und an Ihre Bedürfnisse anpassen.

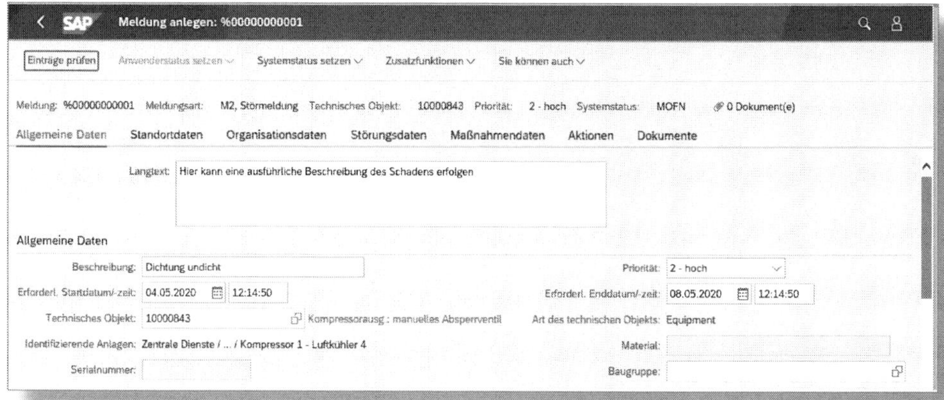

Abbildung 3.69: Allgemeine Daten zur Instandhaltungsmeldung – Bereich »Allgemeine Daten«

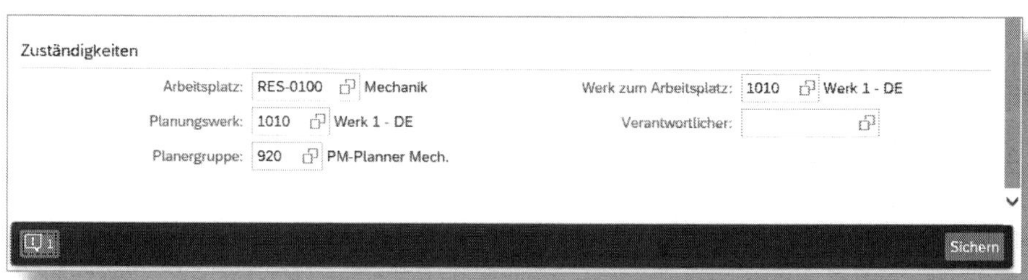

Abbildung 3.70: Allgemeine Daten zur Instandhaltungsmeldung – Bereich »Zuständigkeiten«

Von der großen Anzahl der Eingabefelder möchte ich nur die wichtigsten kurz erläutern (siehe Tabelle 3.8 und Tabelle 3.9).

Feldbezeichnung	Erläuterung
LANGTEXT	Geben Sie eine Beschreibung des Schadens ein, damit der Bearbeiter von Beginn an weiß, was er inspizieren und ggf. reparieren muss.
BESCHREIBUNG	Ergänzen Sie eine Kurzbeschreibung des Schadens. Es empfiehlt sich, dieses Feld auszufüllen, da es in einer Listansicht der Meldungen als kurze Inhaltsangabe dargestellt wird.

Feldbezeichnung	Erläuterung
PRIORITÄT	Geben Sie an, wie wichtig die Reparatur des Schadens ist. Danach wird das erforderliche Enddatum berechnet.
STARTDATUM	Hier werden das Tagesdatum und die Tageszeit vorgeschlagen. Diese Termine sind überschreibbar, sofern das Startdatum auch in der Zukunft liegen kann.
ENDDATUM	Diese Daten werden aus dem Startdatum zuzüglich der (im Customizing) eingestellten Zeit aus der Priorität berechnet.
TECHNISCHES OBJEKT	Geben Sie das Equipment oder den technischen Platz ein, an dem der Schaden eingetreten ist. Aus diesem Objekt übernimmt die Meldung die Angaben im unteren Teil des Bildschirms.

Tabelle 3.8: Allgemeine Daten zur IH-Störmeldung – wichtigste Felder im Bereich »Allgemeine Daten«

Feldbezeichnung	Erläuterung
ARBEITSPLATZ	Hier wird der Arbeitsplatz aus dem technischen Objekt übernommen. Die Daten können ggf. überschrieben werden.
WERK ZUM ARBEITSPLATZ	Das Werk, in dem sich der oben angesprochene Arbeitsplatz befindet. Dies kann das Planungswerk oder das Wartungswerk sein.
PLANUNGSWERK	Das Werk, in dem die Wartung geplant wird (Ressourcen, Material etc.).
VERANTWORTLICHER	Setzen Sie anhand der Personalnummer des Benutzers den Verantwortlichen ein, der für die Reparatur des technischen Objekts zuständig ist. Dieser kann über einen Workflow informiert werden.
PLANERGRUPPE	Eine Planergruppe wird im Customizing hinterlegt und kann eine Person, eine Abteilung oder eine Gruppe von Personen sein. Planergruppen können als Berechtigungsobjekte herangezogen werden.

Tabelle 3.9: Allgemeine Daten zur IH-Störmeldung – wichtigste Felder im Bereich »Zuständigkeiten«

Die Meldung kann jetzt gespeichert werden, indem Sie auf den Button Sichern klicken.

Nachdem die Meldung gesichert und im Änderungsmodus wieder geöffnet worden ist, ändert sich je nach Einstellung im Customizing die Sicht ALLGEMEINE DATEN (siehe Abbildung 3.71).

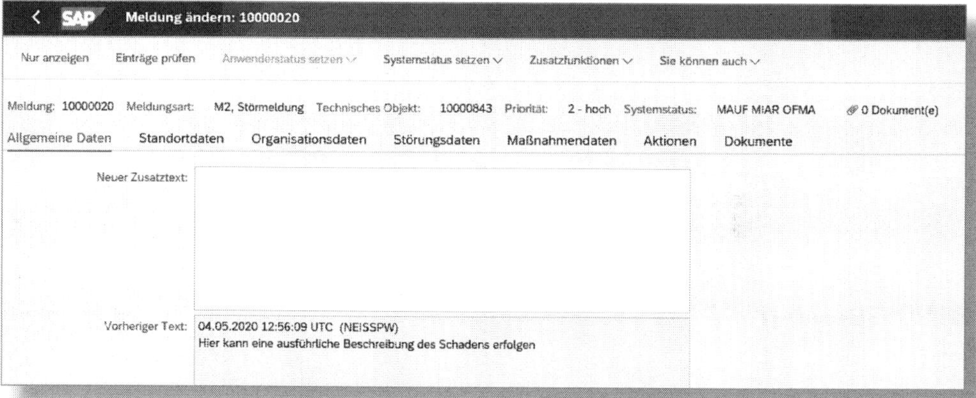

Abbildung 3.71: Allgemeine Daten im Änderungsmodus

In Abbildung 3.71 ist der eingegebene Text mit einem Zeit- und Namensstempel versehen und deshalb nicht mehr änderbar.

Um den Schaden so detailliert wie möglich zu beschreiben, sollten in den anderen Reitern der Meldung wie nachfolgend beschrieben weitere Informationen ergänzt werden.

Standortdaten

Im oberen Teil des Reiters STANDORTDATEN (siehe Abbildung 3.72) können Sie den Namen und die Anschrift eines Verantwortlichen eintragen. Die hier angegebenen Daten werden vom System nicht überprüft und dienen nur der Information.

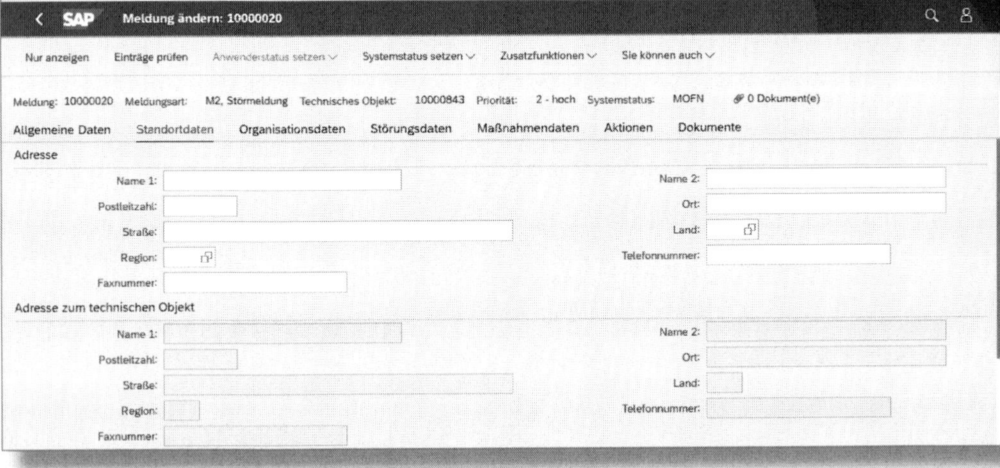

Abbildung 3.72: Standortdaten (oberer Bildschirmausschnitt)

Abbildung 3.73: Standortdaten (unterer Bildschirmausschnitt)

Die Informationen im unteren Teil (siehe Abbildung 3.73) werden vom System automatisch aus den hinterlegten Daten des technischen Objekts übernommen. Sie können geändert oder durch einen Arbeitsplatz in der Produktion bzw. der Wartungsabteilung um einen speziellen RAUM ergänzt werden.

Organisationsdaten

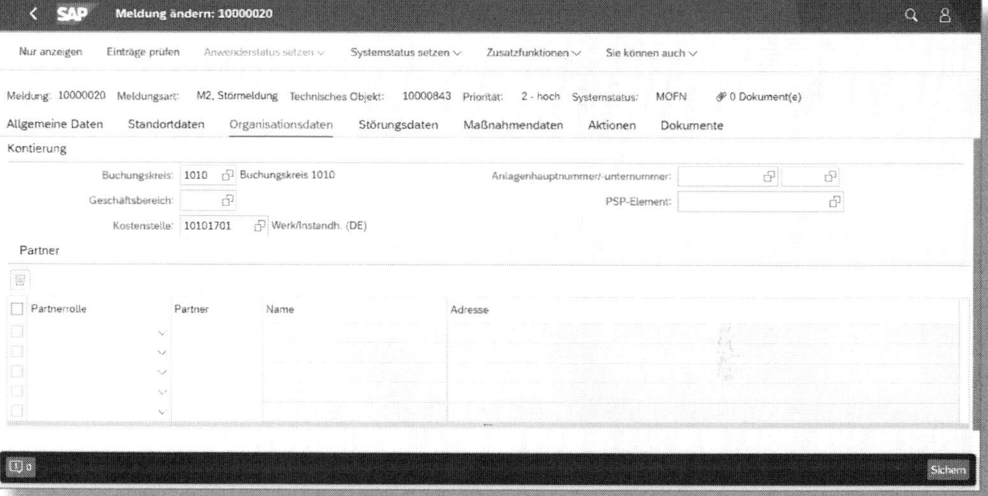

Abbildung 3.74: Organisationsdaten der IH-Meldung

Im Reiter ORGANISATIONSDATEN (siehe Abbildung 3.74) werden Kontierungsdaten aus dem technischen Objekt übernommen. Auch diese lassen sich ändern bzw. durch weitere Angaben ergänzen.

Sie haben hier zudem die Möglichkeit, PARTNER zu wählen. Zu jeder Meldungsart ist im Customizing ein Partnerprofil hinterlegt, das Sie ebenfalls an Ihre Bedürfnisse anpassen können.

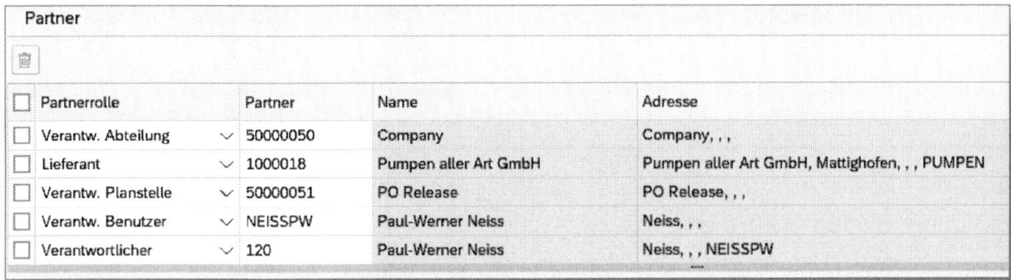
Partner

Partnerrolle	Partner	Name	Adresse
Verantw. Abteilung	50000050	Company	Company, , ,
Lieferant	1000018	Pumpen aller Art GmbH	Pumpen aller Art GmbH, Mattighofen, , , PUMPEN
Verantw. Planstelle	50000051	PO Release	PO Release, , ,
Verantw. Benutzer	NEISSPW	Paul-Werner Neiss	Neiss, , ,
Verantwortlicher	120	Paul-Werner Neiss	Neiss, , , NEISSPW

Abbildung 3.75: Partnerrollen zur Meldungsart M2

In einem Partnerprofil sind *Partnerrollen* (siehe Abbildung 3.75) eingebunden, anhand derer im System die korrekten Daten ermittelt werden. Im Customizing werden Partnerrollen immer als eine Zwei-Zeichen-Abkürzung hinterlegt und in einem Kurztext beschrieben:

AB = »Abteilung« – nur Organisationseinheiten aus dem Organisationsmanagement (Aufbauorganisation Ihres Unternehmens; gehört zum Modul *HR-Personalwesen*)

LF = »Lieferant« – nur im System angelegte Lieferanten

ST = »Planstelle« – eine Organisationseinheit, die einer Abteilung (AB) zugeordnet ist

VU = »Verantwortlicher Benutzer« – eine User-ID, die als Benutzerstamm im SAP-System angelegt ist

VW = »Verantwortlicher« – ein Benutzer, der im SAP-System mit einer Personalnummer im HR angelegt ist

Die hier angelegten Partnerrollen und -profile sind natürlich nicht bindend, sie wurden lediglich für das Beispiel in diesem Buch hinterlegt.

Partnerprofil

Erstellen Sie für Ihre eigene Meldungsart ein eigenes Partnerprofil. Darin können Sie exakt die Partner hinterlegen, die Sie auch für die Bearbeitung der Meldung bzw. der Wartung benötigen. Sie können dazu auf Standardpartnerrollen zugreifen oder eigene Rollen definieren.

Störungsdaten

Im Reiter STÖRUNGSDATEN wird die Störung (der Schaden) näher und codiert beschrieben. Die notwendigen Codes müssen vorher über das Customizing im System angelegt werden. Sie können auch ohne codierte Einträge arbeiten, verlieren dann aber die Möglichkeit der Auswertung.

In Abbildung 3.76 sehen Sie zwei Einträge: zum einen den Schaden selbst (Getriebeschaden und Riss) und daneben, ebenfalls codiert, das Objekt, an dem diese beiden Schäden aufgetreten sind.

Die Schäden können mittels Langtext (durch Klick auf den Button ⊕) ausführlicher beschrieben werden.

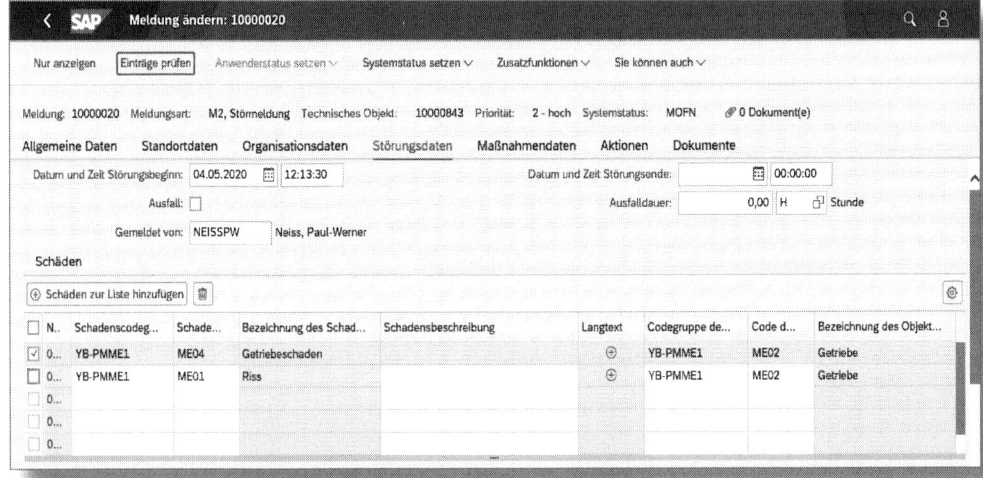

Abbildung 3.76: Störungsdaten zur Meldung

Zu jedem dieser gemeldeten Schäden können weitere Details erfasst werden. So werden beispielsweise in Abbildung 3.77 die in der Übersicht eingegebenen Daten zum *Getriebeschaden* (SCHADENSBILD 0001) nochmals angezeigt. Diese Details finden Sie in der unteren Bildhälfte der Sicht STÖRUNGSDATEN.

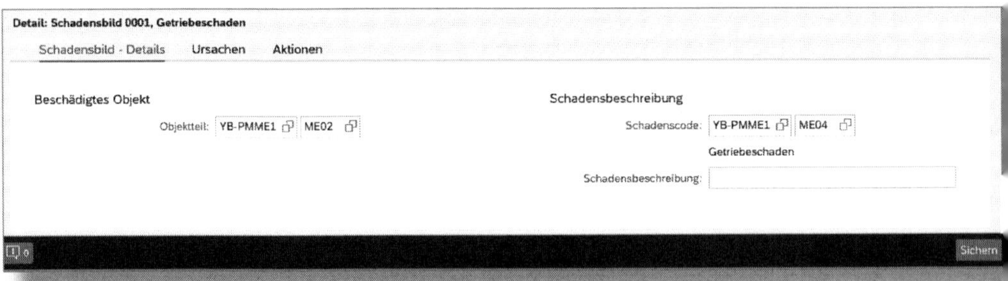

Abbildung 3.77: Details zum Schadensbild 0001

Ergänzend zu diesem Schaden können Sie nun eventuelle URSACHEN (siehe Abbildung 3.78) hinterlegen oder auch durchgeführte AKTIONEN dokumentieren (siehe Abbildung 3.79).

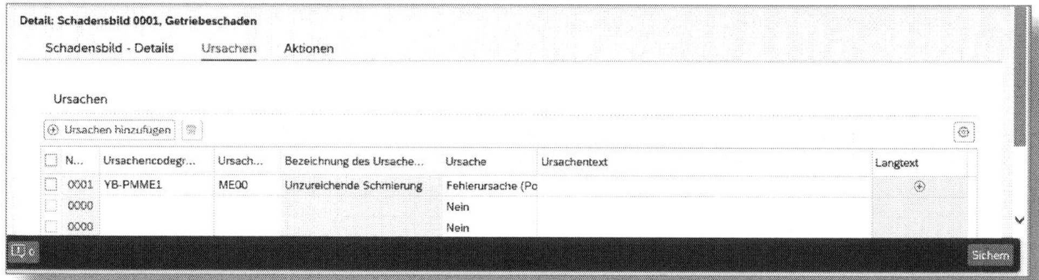

Abbildung 3.78: Ursachen zum Schadensbild 0001

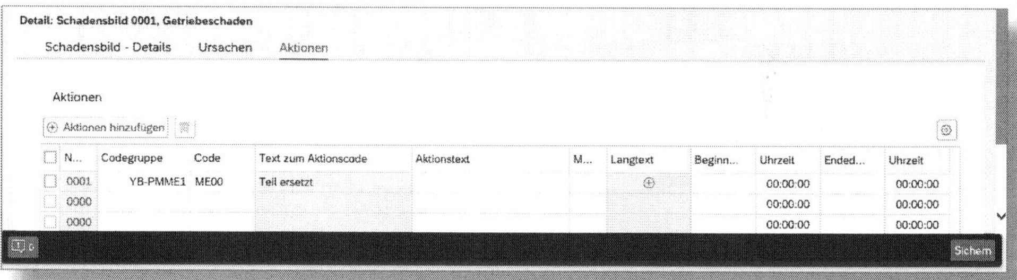

Abbildung 3.79: Durchgeführte Aktionen zum Schadensbild 0001

Ursachen und Aktionen sind keineswegs Pflichteingaben, können aber bei weiteren Schäden dieser Art die Bearbeitung beschleunigen. Daher empfiehlt es sich, auch diese Daten codiert einzugeben.

Layout der Meldung

Die verschiedenen Bildschirme und Reiter sowie die notwendigen bzw. gewünschten Eingaben (also welche Codes in der Meldung auftauchen sollen) können Sie im Customizing zum Layout der Meldungsart selbst definieren.

Maßnahmendaten

Maßnahmen werden vom Verantwortlichen eingeleitet. Auch diese sollten immer als CODE eingegeben werden (siehe Abbildung 3.80). Die Maßnahmen werden an einen Bearbeiter weitergegeben bzw. diesem zugeordnet. Über diese Zuordnung kann der Bearbeiter z. B. per Workflow informiert werden.

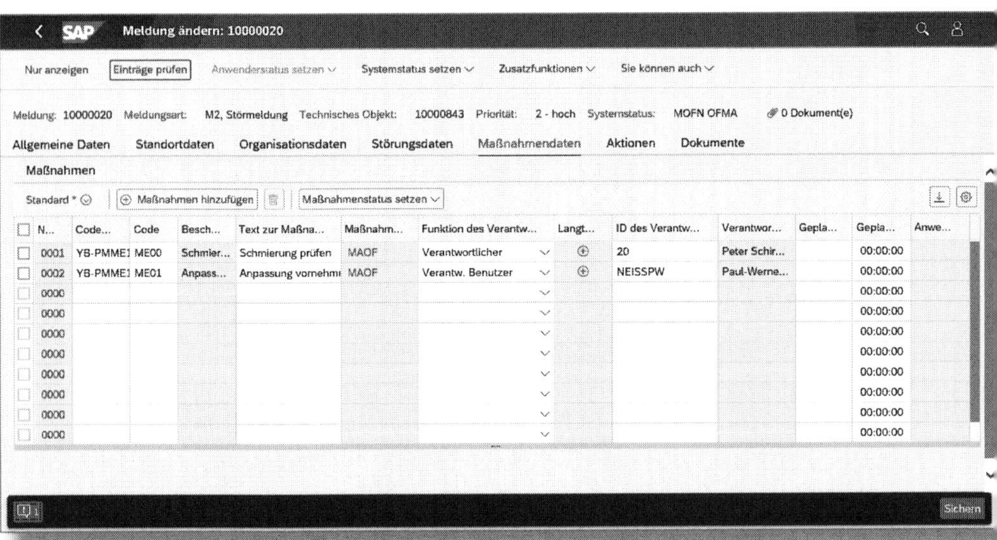

Abbildung 3.80: Maßnahmen zur IH-Meldung

Maßnahmen besitzen einen eigenen Status, aus dem der jeweilige Bearbeitungsstand ersichtlich ist. In unserem Beispiel ist der Status MAOF (Maßnahme offen). Weitere mögliche Status sind beispielsweise MAFR (Maßnahme freigegeben), MAER (Maßnahme erledigt) oder MERF (Maßnahme erfolgreich). Der Bearbeiter einer Maßnahme muss den jeweiligen Status setzen, damit der Meldungsverantwortliche erkennt, welche Maßnahmen bereits bearbeitet oder beendet sind.

Aktionen

Im Reiter AKTIONEN (siehe Abbildung 3.81) dokumentieren Sie, welche *Aktionen* durchgeführt wurden, um den Schaden zu beheben.

Dieser Reiter bezieht sich wie der vorher beschriebene Reiter MAßNAHMENDATEN auf die gesamte Meldung. Im Rahmen Ihres individuellen Layouts können Sie für jedes Schadensbild eigene Maßnahmen und Aktionen hinterlegen.

Im Gegensatz zu Maßnahmen besitzen Aktionen keinen Status; sie dienen deshalb nur zur Dokumentation.

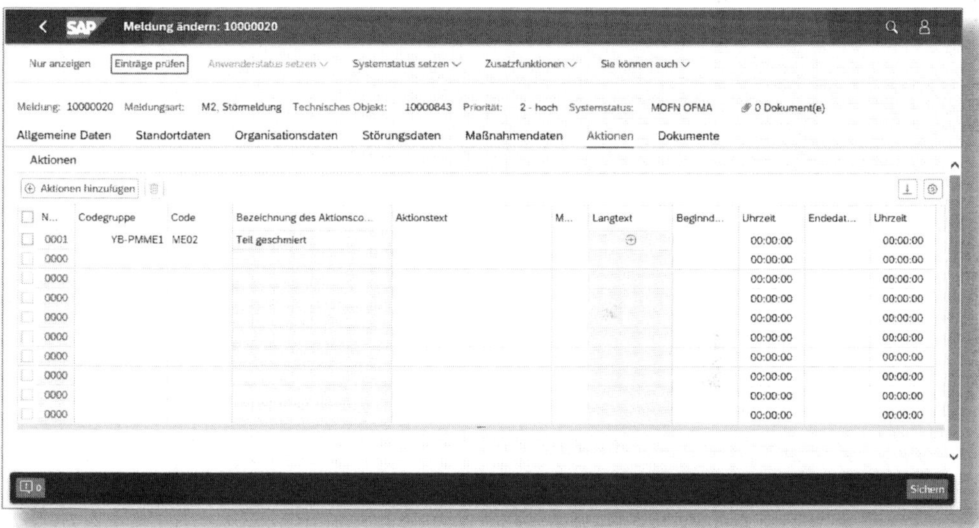

Abbildung 3.81: Durchgeführte Aktionen zur IH-Meldung

Dokumente

Sofern Sie einer Meldung Dokumente zuordnen möchten (Schaltpläne, Zeichnungen etc.), können Sie diese im Reiter DOKUMENTE (siehe Abbildung 3.82) ergänzen.

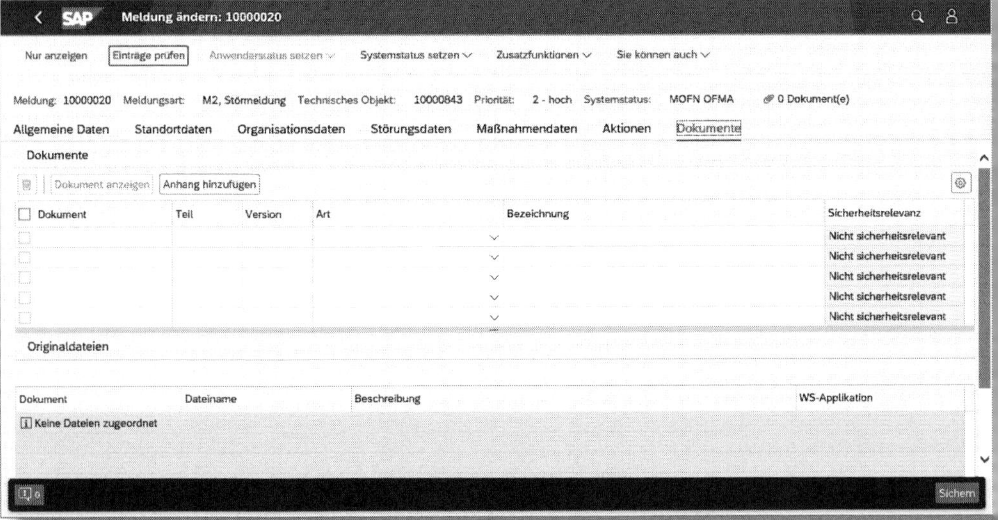

Abbildung 3.82: Zugeordnete Dokumente zur IH-Meldung

Die Dokumente müssen auch hier zuvor im Dokumentenmanagementsystem von SAP angelegt sein. Die dafür vorgesehene Dokumentart ist im Customizing für Meldungen freizugeben.

3.3.2 IH-Auftrag

Ein *Instandhaltungsauftrag* beschreibt Art, Umfang, Termine und Ressourcen einer Instandhaltungsmaßnahme.

Ein Auftrag kann *eigenbearbeitet* sein, d.h., die Arbeiten werden im eigenen Haus ausgeführt, oder er kann *fremdbearbeitet* sein.

Wie ein IH-Auftrag aufgebaut ist, zeige ich Ihnen in Abbildung 3.83.

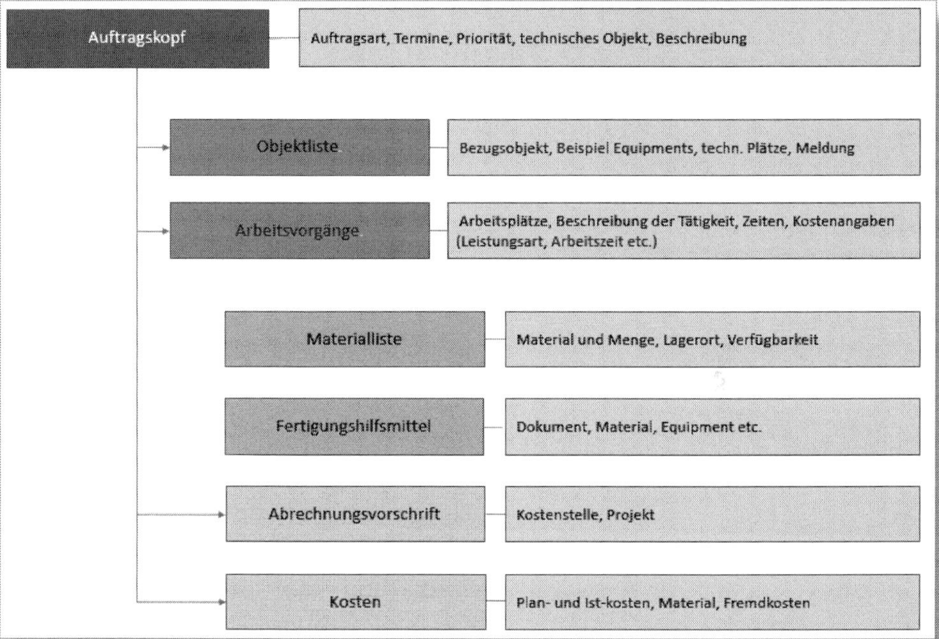

Abbildung 3.83: Aufbau und Inhalt eines IH-Auftrags

Es gibt mehrere Möglichkeiten, einen IH-Auftrag anzulegen. Einige habe ich bereits in Abschnitt 3.2.3 beschrieben. Eine Aufstellung aller Optionen sehen Sie in Abbildung 3.84.

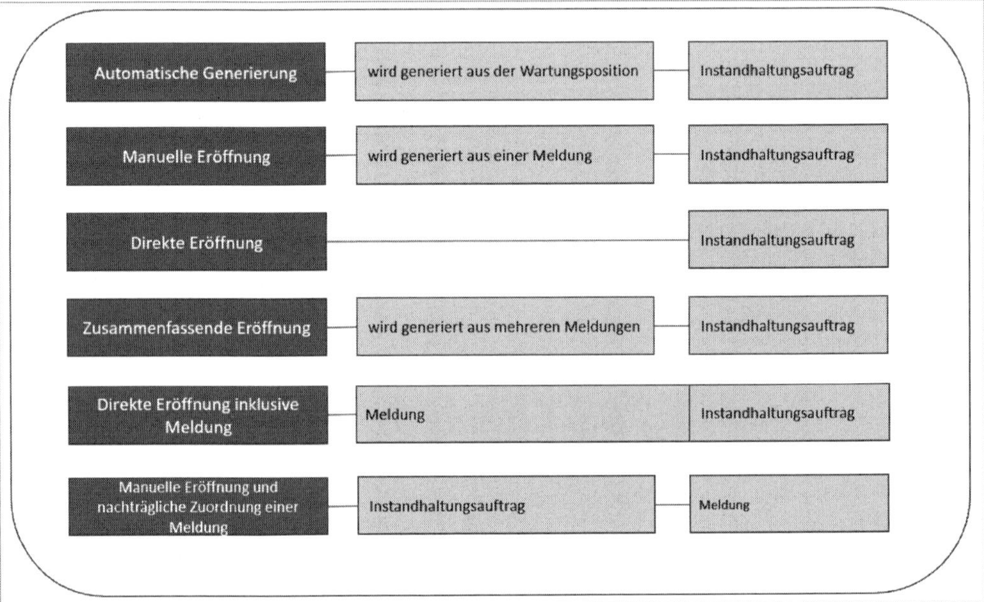

Abbildung 3.84: Möglichkeiten der Eröffnung eines IH-Auftrags

Anlage eines IH-Auftrags zur Störmeldung

Soll aus der vorher angelegten Störmeldung ein Instandhaltungsauftrag angelegt werden, können Sie dies mit der entsprechenden Fiori-App »IH-Auftrag zur IH-Meldung« (siehe Abbildung 3.85) anstoßen.

Über diese App kommen Sie in das Einstiegsbild zur Auftragsanlage (siehe Abbildung 3.86). Geben Sie hier die AUFTRAGSART ein sowie die Meldungsnummer, zu welcher der Auftrag angelegt werden soll.

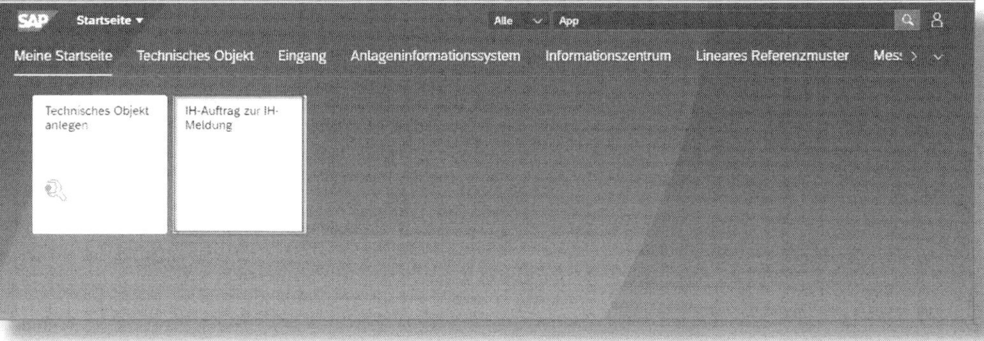

Abbildung 3.85: Fiori-App für die Anlage eines IH-Auftrags zur Meldung

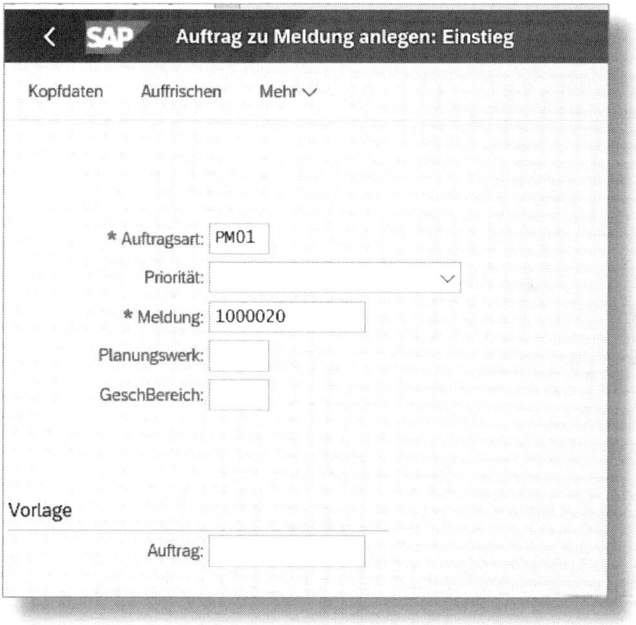

SAP Auftrag zu Meldung anlegen: Einstieg

Kopfdaten Auffrischen Mehr

* Auftragsart: PM01
Priorität:
* Meldung: 1000020
Planungswerk:
GeschBereich:

Vorlage

Auftrag:

Abbildung 3.86: Auftrag zur Meldung anlegen – Einstieg

Über die Auftragsart werden Aufträge hinsichtlich Ihres Verwendungszwecks eingestuft. Im Standard sind bereits Auftragsarten voreingestellt, diese können jedoch im Customizing an Ihre Erfordernisse angepasst bzw. ergänzt werden (siehe Abbildung 3.87). Über die Auftragsarten werden hauptsächlich Kostenparameter bestimmt.

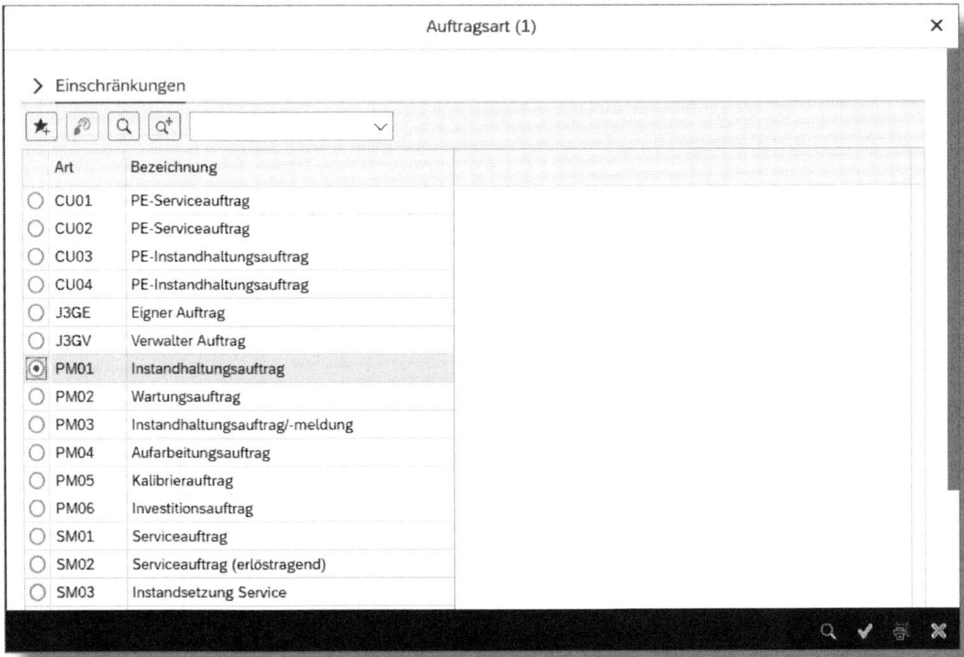

Auftragsart (1)

> Einschränkungen

Art	Bezeichnung
CU01	PE-Serviceauftrag
CU02	PE-Serviceauftrag
CU03	PE-Instandhaltungsauftrag
CU04	PE-Instandhaltungsauftrag
J3GE	Eigner Auftrag
J3GV	Verwalter Auftrag
PM01	Instandhaltungsauftrag
PM02	Wartungsauftrag
PM03	Instandhaltungsauftrag/-meldung
PM04	Aufarbeitungsauftrag
PM05	Kalibrierauftrag
PM06	Investitionsauftrag
SM01	Serviceauftrag
SM02	Serviceauftrag (erlöstragend)
SM03	Instandsetzung Service

Abbildung 3.87: Auftragsarten zum IH-Auftrag

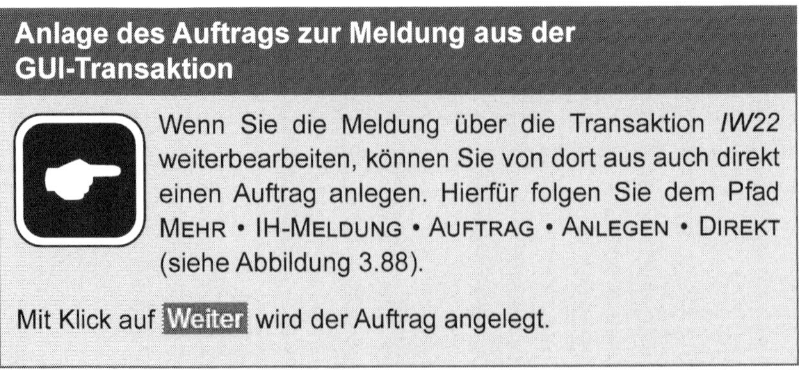

Anlage des Auftrags zur Meldung aus der GUI-Transaktion

Wenn Sie die Meldung über die Transaktion *IW22* weiterbearbeiten, können Sie von dort aus auch direkt einen Auftrag anlegen. Hierfür folgen Sie dem Pfad MEHR • IH-MELDUNG • AUFTRAG • ANLEGEN • DIREKT (siehe Abbildung 3.88).

Mit Klick auf Weiter wird der Auftrag angelegt.

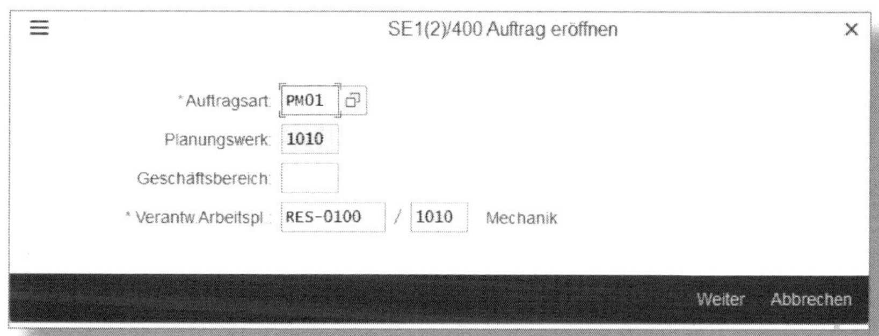

Abbildung 3.88: Auftrag aus der Meldung anlegen

Nachdem Sie die Daten im Einstiegsbild eingegeben und bestätigt haben, erreichen Sie die KOPFDATEN des Auftrags. Im oberen Bereich (siehe Abbildung 3.89) sehen Sie den Bezug zur Störmeldung (AUFTRAG) sowie alle Daten, die aus der Meldung und dem technischen Objekt übernommen wurden.

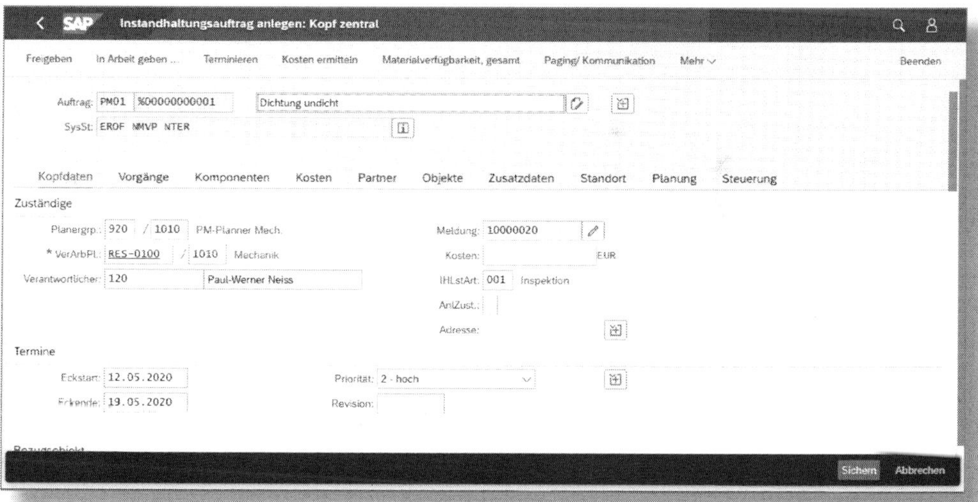

Abbildung 3.89: IH-Auftrag – Kopfdaten (oberer Bildschirmausschnitt)

Im unteren Bereich (siehe Abbildung 3.90) sind ebenfalls übernommene Daten aus der Meldung enthalten.

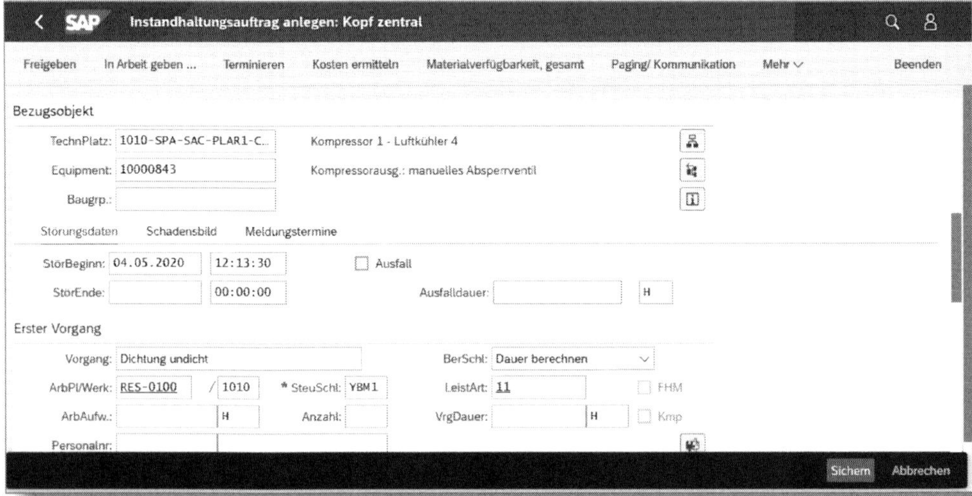

Abbildung 3.90: IH-Auftrag – Kopfdaten (unterer Bildschirmausschnitt)

Wichtige Daten sind hier das BEZUGSOBJEKT, für das die Störung gemeldet wurde, sowie der ERSTE VORGANG mit Daten aus der Meldung.

Neben den STÖRUNGSDATEN können Sie sich auch das SCHADENSBILD (siehe Abbildung 3.91) anzeigen lassen.

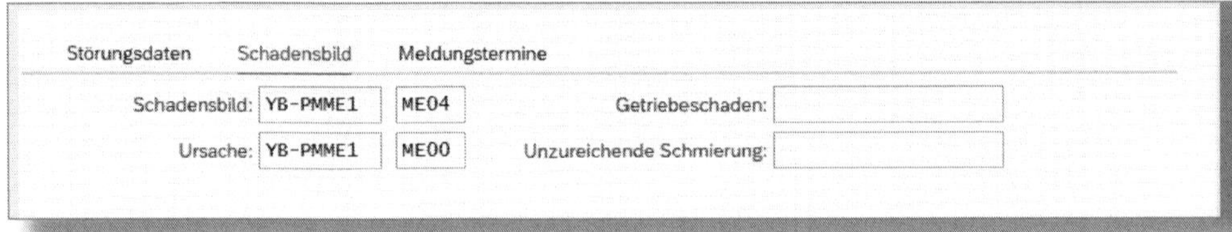

Abbildung 3.91: Schadensbild im Auftrag (aus Meldung übernommen)

Um das Schadensbild zu ändern, rufen Sie über den Menüpunkt MEHR die MELDUNG auf (siehe Abbildung 3.92).

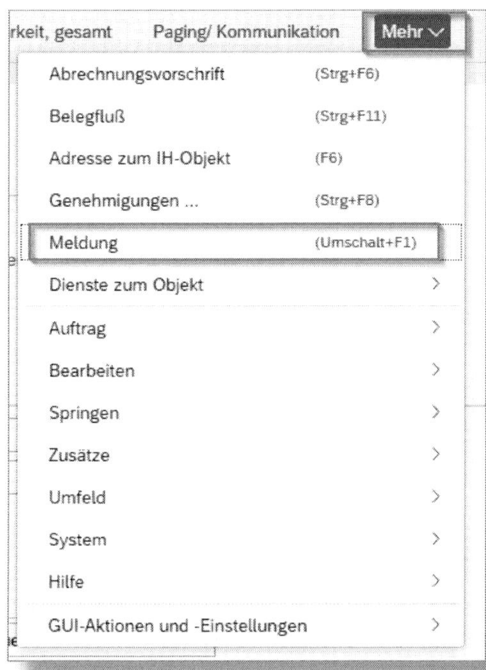

Abbildung 3.92: Springen vom Auftrag zur Meldung

In der Meldung (siehe Abbildung 3.93) sehen Sie direkt das Schadensbild und können mit einem Klick auf den Button > das nächste bzw. die nächsten Schadensbilder einsehen. Das jeweils ausgewählte Bild erscheint dann auch im Auftrag.

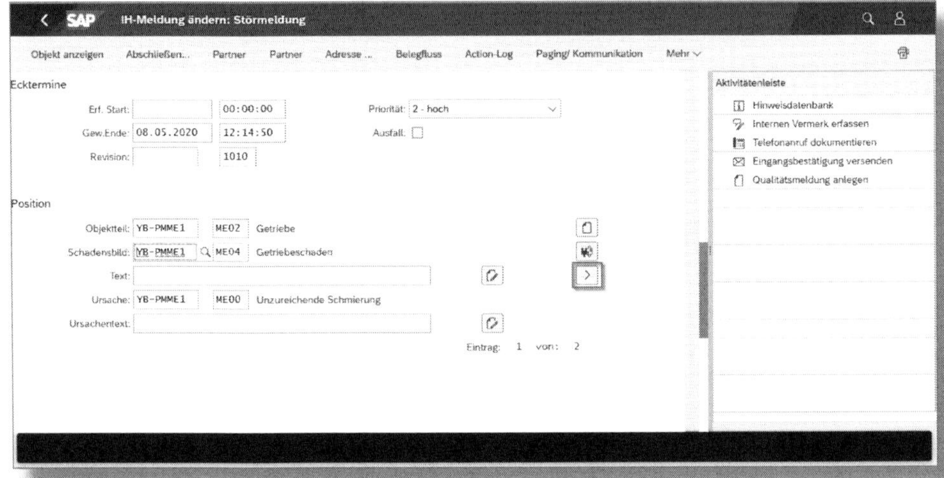

Abbildung 3.93: Meldung ändern (aus IH-Auftrag)

Gehen Sie mit einem Klick auf den Button wieder zurück zum Auftrag.

Unter dem Reiter VORGÄNGE ist die Beschreibung aus dem Meldungskopf aufgeführt (siehe Abbildung 3.94). Bei Bedarf können Sie manuell weitere Arbeitsvorgänge (VRG) hinzufügen.

Im oberen Teil des Bildschirms (siehe Abbildung 3.94) ist in der Spalte ARBPLATZ der für die Durchführung der Arbeiten verantwortliche Arbeitsplatz hinterlegt.

Der Ausführungsfaktor (AUSF.FAKT.) regelt, wie oft ein Vorgang ausgeführt werden muss, damit er als erledigt gekennzeichnet werden kann. Dieser Faktor hat direkten Einfluss auf die zugeordneten Komponenten und die benötigte Arbeitsdauer (diese werden mit dem Faktor multipliziert).

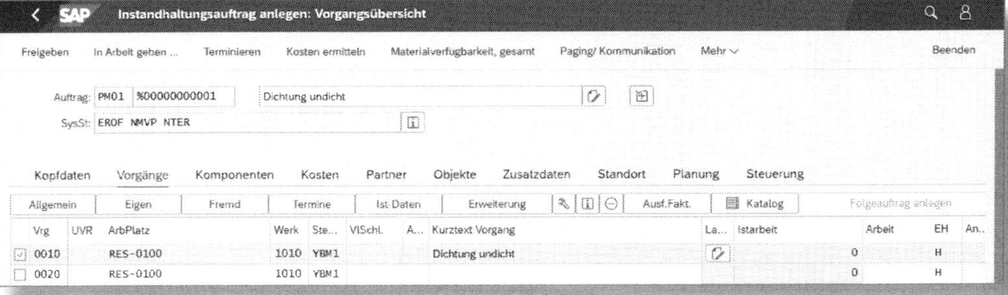

Abbildung 3.94: Vorgang im Auftrag

Es ist zudem möglich, unter KOMPONENTEN • ALLG. DATEN Komponenten einzutragen, die für die Instandsetzung benötigt werden (siehe Abbildung 3.95).

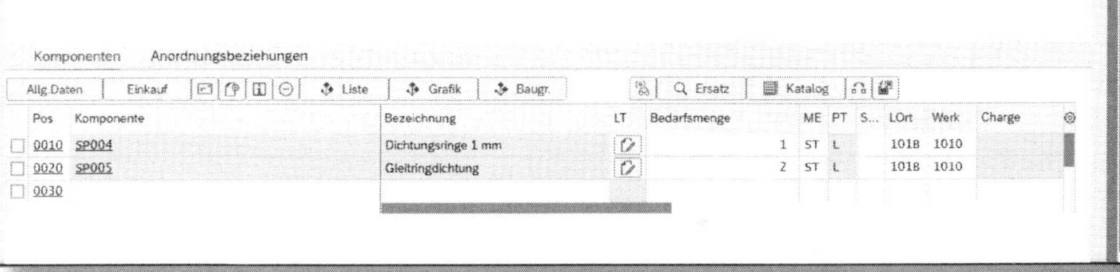

Abbildung 3.95: Mögliche Komponenten zur Wartung des Vorgangs

Sie können den Auftrag zu jeder Zeit sichern und, sofern Sie ihn nicht zur Bearbeitung freigeben, über die App »Instandhaltungsauftrag ändern« (siehe Abbildung 3.96) aufrufen und ändern.

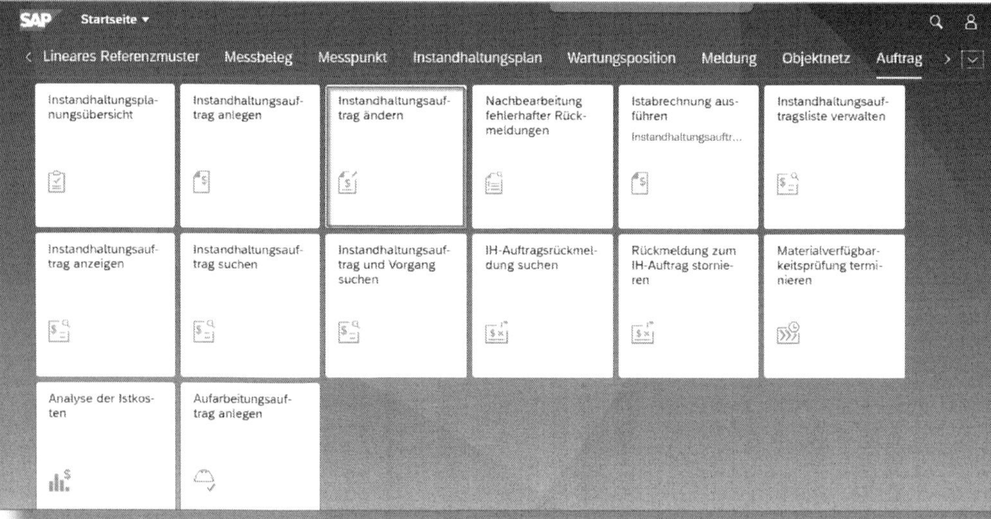

Abbildung 3.96: App »Instandhaltungsauftrag ändern«

Im Einstiegsbild (siehe Abbildung 3.97) geben Sie die Nummer des Auftrags ein und klicken auf **Weiter**.

Abbildung 3.97: Einstiegsmaske zum Ändern von IH-Aufträgen

Sie kommen in die Sicht ALLGEMEINE DATEN des Auftrags (siehe Abbildung 3.98).

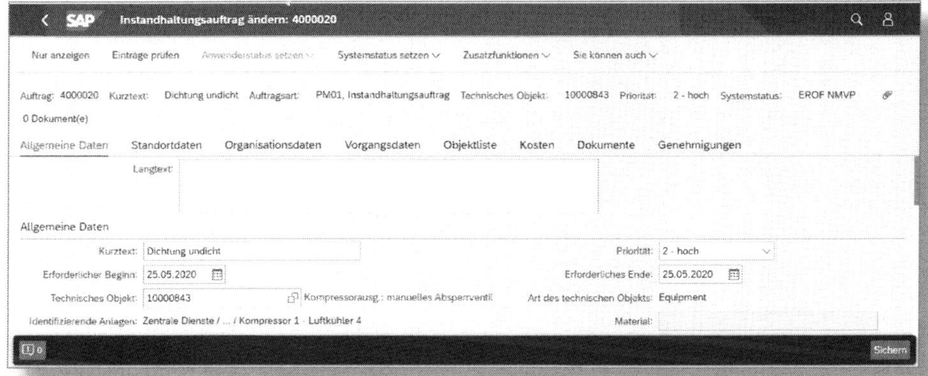

Abbildung 3.98: IH-Auftrag ändern – allgemeine Daten

Gehen Sie jetzt zum Reiter VORGANGSDATEN (siehe Abbildung 3.99).

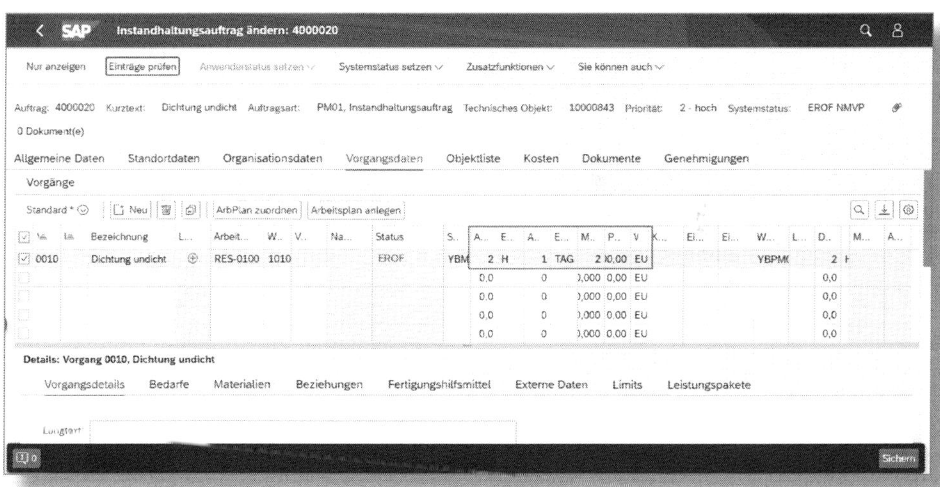

Abbildung 3.99: Vorgangsdaten zum Auftrag

Sie sehen hier auch den für den Wartungsvorgang verantwortlichen Arbeitsplatz (RES-0100) sowie die für die Instandsetzung kalkulierte Zeit.

Die Spalten zeigen Folgendes:

- A (links) = geplante Arbeit: *2 Stunden* (E = zugehörige Einheit H)
- A (rechts daneben) = benötigte Kapazität: *1 Tag* (E = zugehörige Einheit)
- M = Menge: *2* Tage zu *1.200,00 Euro* (P = Preis, W = Währung)

Die Einzelheiten zum Vorgang sehen Sie unter VORGANGSDETAILS (siehe Abbildung 3.100 und Abbildung 3.101).

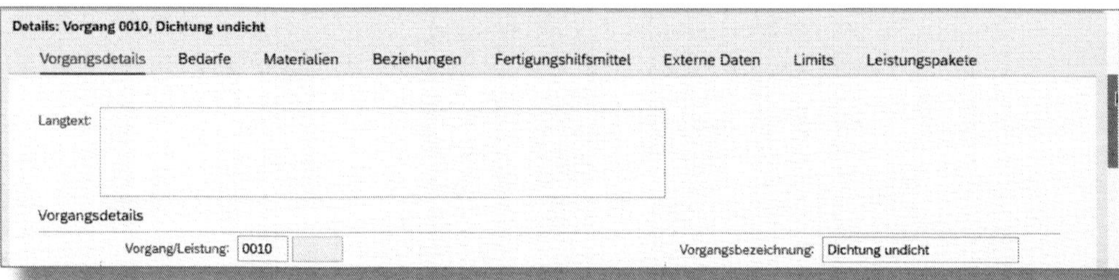

Abbildung 3.100: Vorgang – Langtext

Vorgangsdetails

Vorgang/Leistung:	0010	Vorgangsbezeichnung:	Dichtung undicht
Anlagenzustand:		Tätigkeitsart:	
Berechnungsschlüssel:	1 Dauer berechnen	Benötigte Kapazität:	1
Arbeit/Einheit:	2 H	Dauer / Einheit:	2 H
Technisches Objekt:		Art des technischen Objekts:	
Arbeitsprozentsatz:	0 %	Baugruppe:	

Geplante Zeit

Rückgemeldete Summe Istaufwand:	0 H Stunde	Prognostizierte Arbeit:	0 H Stunde
Frühest. Beginndatum/-zeit:	25.05.2020 06:00:00	Frühest. Endedatum/-zeit:	25.05.2020 08:07:30
Spätest. Beginndatum/-zeit:	25.05.2020 06:00:00	Spätest. Endedatum/-zeit:	25.05.2020 08:07:30

Abbildung 3.101: Vorgang – Details und Planungsdaten

In der OBJEKTLISTE (siehe Abbildung 3.102) sind alle technischen Objekte und die jeweils dazu angelegte MELDUNG ersichtlich.

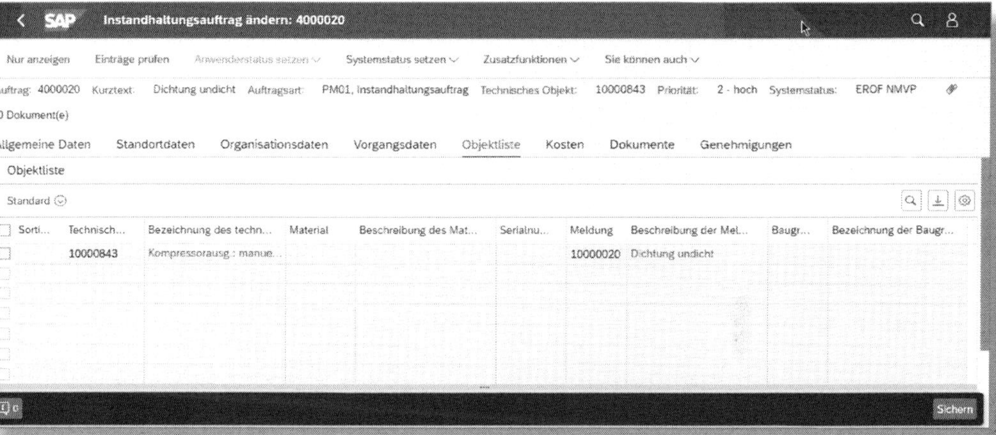

Abbildung 3.102: IH-Auftrag – Objektliste

In unserem Beispiel ist das nur ein Equipment mit der Nummer 10000843. Es können auch mehrere Objekte in einem Auftrag abgearbeitet werden. Sofern das Equipment als Material angelegt wurde (siehe Abschnitt 2.2), ist dieses hier ebenfalls gelistet.

In der Sicht KOSTEN (siehe Abbildung 3.103) finden Sie alle Kosten aufgelistet, die mit der Bestätigung des Auftrags eingegeben wurden. Diese werden auf die entsprechenden Abrechnungstypen (hier: KOSTENSTELLE – Abbildung 3.104) gebucht und können über das Modul *Controlling (CO)* ausgewertet werden.

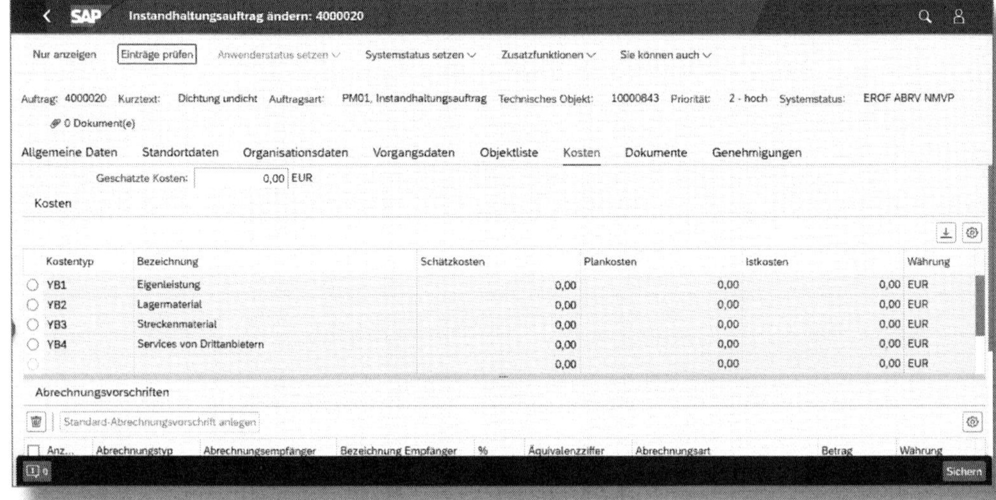

Abbildung 3.103: IH-Auftrag – Kostenübersicht

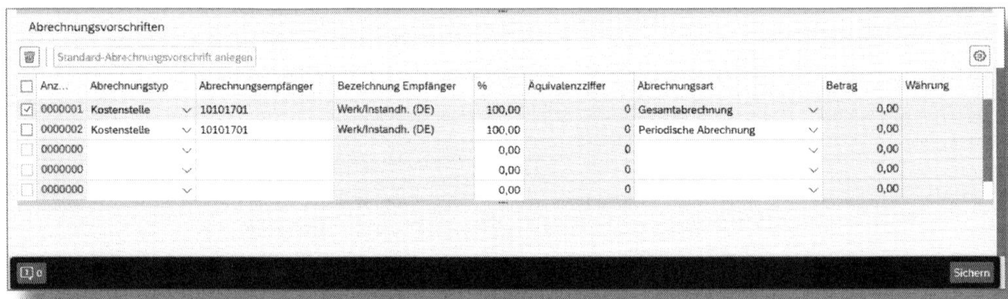

Abbildung 3.104: IH-Auftrag – Abrechnungsvorschrift

Damit die Instandhaltung bzw. die Wartung durchgeführt werden kann, muss der Auftrag über den Menüpunkt SYSTEMSTATUS SETZEN freigegeben werden (siehe Abbildung 3.105).

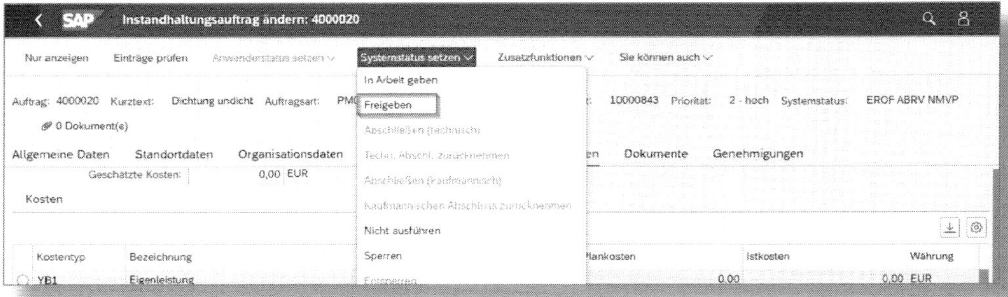

Abbildung 3.105: IH-Auftrag freigeben

Danach wird der Auftrag erneut gesichert, und die Wartung kann durchgeführt werden (siehe Abbildung 3.106).

Abbildung 3.106: Auftrag gesichert

Auftragsfreigabe

Je nach den Erfordernissen in Ihrer Organisation kann der Auftrag auch in Arbeit gegeben werden. Dies ist z. B. dann erforderlich, wenn vor Durchführung desselben noch eine Prüfung angesetzt ist.

Auftragsbearbeitung und Rückmeldung

Ist ein Auftrag freigegeben oder in Arbeit gesetzt, kann die Wartung bzw. die Instandhaltung beginnen.

Ein IH-Auftrag kann sowohl im eigenen Haus bearbeitet als auch an eine Fremdfirma zur Durchführung der notwendigen Arbeiten vergeben werden. Dies wird durch den *Steuerschlüssel* festgelegt. In der Standardausführung steht der STEUERSCHLÜSSEL PM01 (siehe Abbildung 3.107) für Arbeiten, die im eigenen Haus durchgeführt werden, und PM02 (siehe Abbildung 3.108) für fremdbearbeitete Vorgänge.

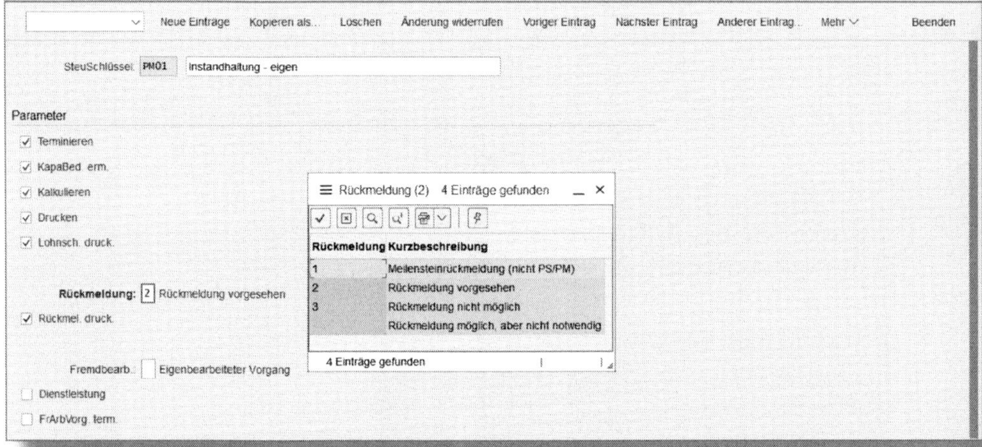

Abbildung 3.107: Customizing – Steuerschlüssel PM01

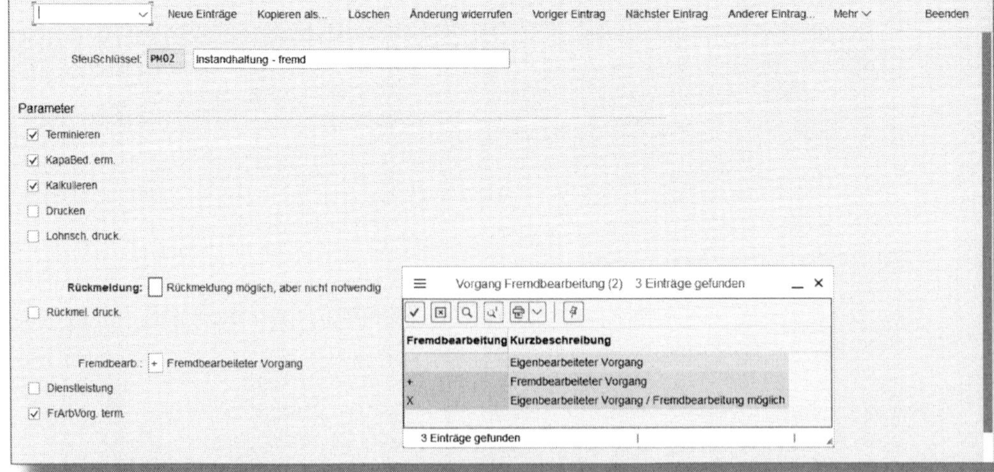

Abbildung 3.108: Customizing – Steuerschlüssel PM02

Die Steuerschlüssel werden auf Vorgangsebene zugeordnet (siehe Abbildung 3.109), deshalb kann ein Auftrag auch in Teilen fremdvergeben werden.

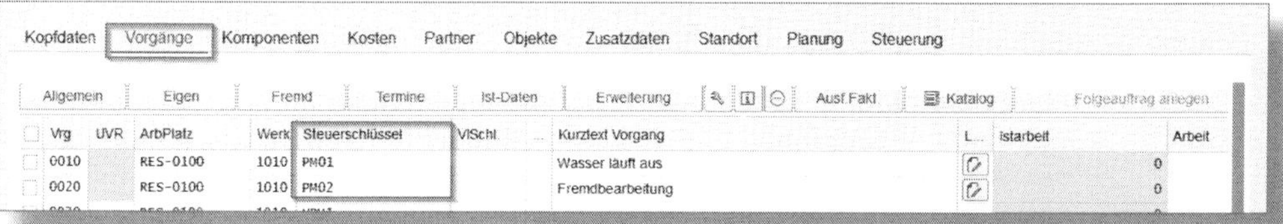

Abbildung 3.109: Zuordnung der Steuerschlüssel zum Vorgang

Je nach Steuerschlüssel unterscheiden sich die Detaildaten. Während bei eigenbearbeiteten Vorgängen (siehe den Reiter EIGEN in Abbildung 3.110) der Fokus auf der Anzahl der Stunden und dem Bearbeiter liegt, der die Instandhaltung durchgeführt hat, stehen bei fremdbearbeiteten Vorgängen (siehe den Reiter FREMD in Abbildung 3.111) neben dem LIEFERANTEN (der durchführenden Firma) auch einkaufsrelevante Aspekte wie EINKÄUFERGRUPPE, VERTRAG sowie der PREIS für eine Einheit der externen Leistung im Vordergrund.

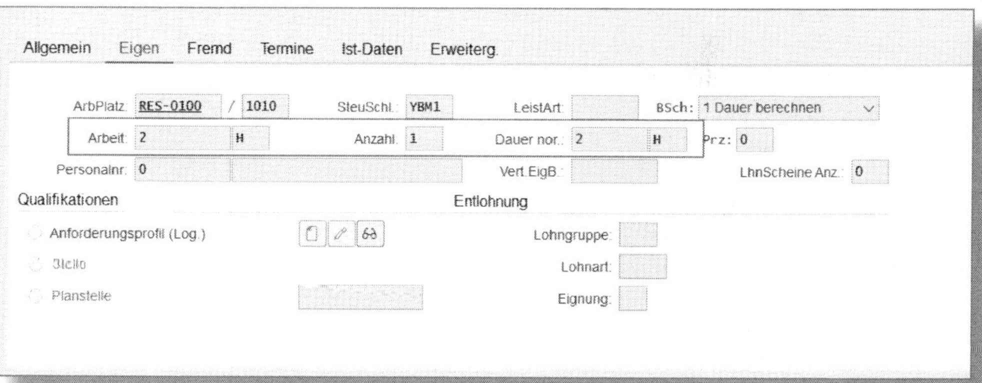

Abbildung 3.110: PM01 – Details zur Eigenbearbeitung

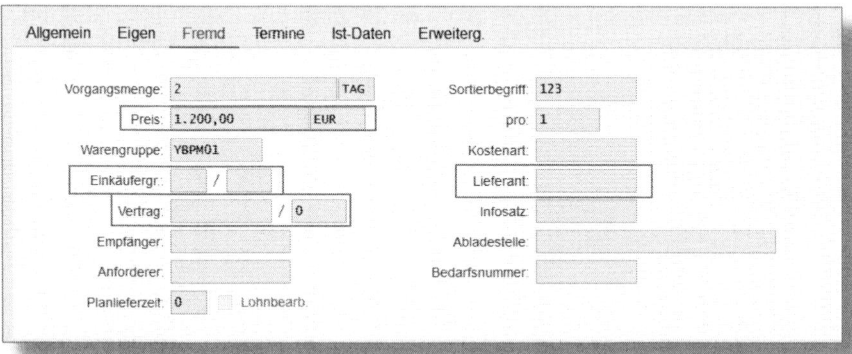

Abbildung 3.111: PM02 – Details zur Fremdbearbeitung

Rückmeldung erfassen und Auftrag abschließen

Nachdem die Wartung oder Instandhaltung durchgeführt worden ist, kann, soll oder muss der Vorgang rückgemeldet werden. Ob eine Rückmeldung erforderlich ist, hängt ebenfalls vom Steuerschlüssel ab (siehe Abbildung 3.107).

Eine Rückmeldung bestätigt, dass der Vorgang ganz oder teilweise erledigt wurde. Die Kosten werden erfasst und der Auftrag geschlossen.

Eine Rückmeldung können Sie über die entsprechende Fiori-App erfassen (siehe Abbildung 3.112).

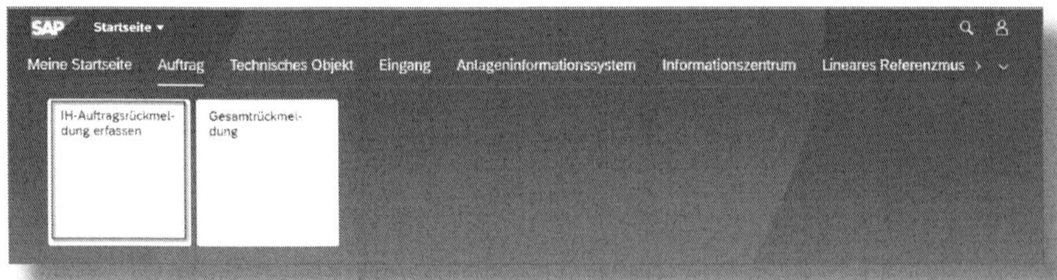

Abbildung 3.112: App zur Erfassung von Rückmeldungen zum IH-Auftrag

Nachdem Sie die App angeklickt haben, gelangen Sie zum Einstiegsbild für die Erfassung einer Rückmeldung (siehe Abbildung 3.113).

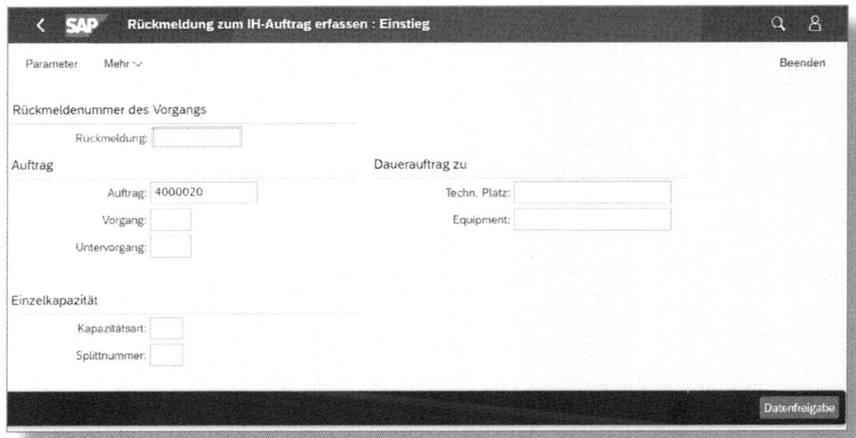

Abbildung 3.113: Rückmeldung zum IH-Auftrag – Einstieg

Geben Sie hier die Nummer des AUFTRAGS ein und bestätigen Sie mit `Enter`. Sie gelangen daraufhin in die Maske zur Eingabe der Istdaten (siehe Abbildung 3.114).

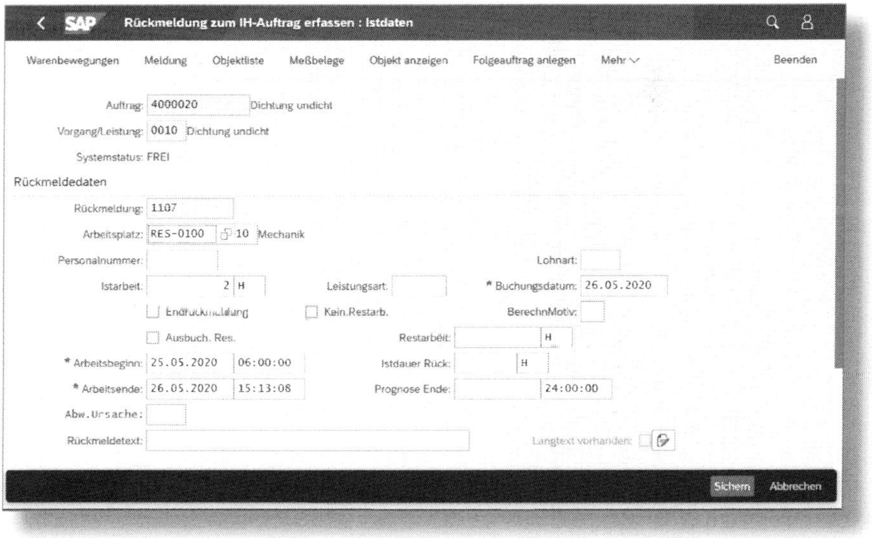

Abbildung 3.114: Rückmeldung zum IH-Auftrag – Istdaten

Reparaturanforderung

Eine Sofortreparatur stoßen Sie mit der Fiori-App »Störung melden« (siehe Abbildung 3.115) an.

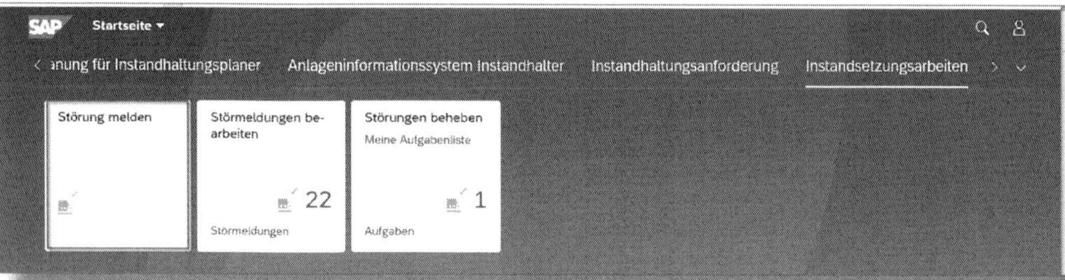

Abbildung 3.115: Reparatur anfordern

Dies tun Sie immer dann, wenn eine offensichtliche Störung vorliegt, die eine sofortige Wartung erforderlich macht und ohne weitere Prüfung des Sachverhalts behoben werden muss.

Nach der Eingabe der notwendigen Daten (siehe Abbildung 3.116) klicken Sie auf Sichern, und das System legt im Hintergrund eine Meldung sowie den zugehörigen Auftrag an (siehe Abbildung 3.117).

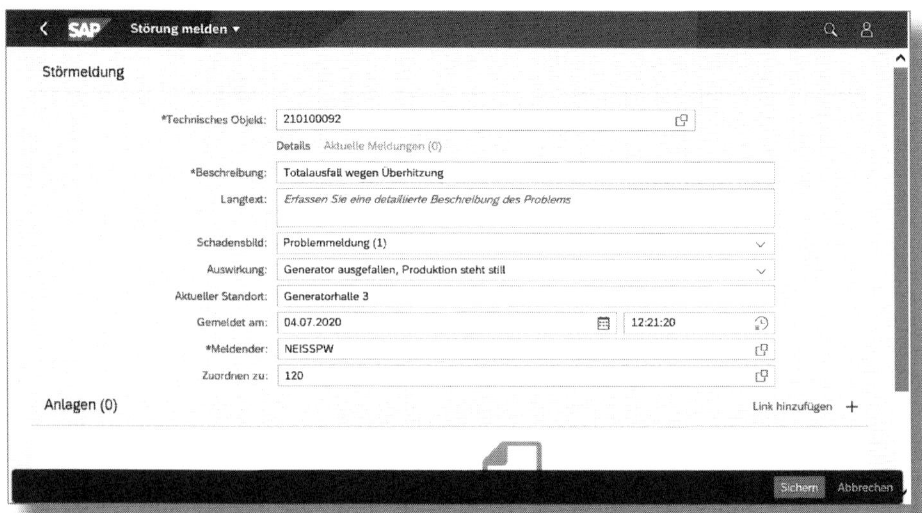

Abbildung 3.116: Reparatur anfordern – Einstieg

Abbildung 3.117: Reparatur angefordert – Meldung und Auftrag angelegt

Nach der Freigabe (Klick auf **Freigeben**) kann die Reparatur dieses Objekts sofort starten, indem Sie auf **Arbeit beginnen** gehen (siehe Abbildung 3.118).

Abbildung 3.118: Arbeit beginnen

Daraufhin ändern sich die in dieser Ansicht unten rechts angezeigten Auswahlmöglichkeiten (siehe Abbildung 3.119).

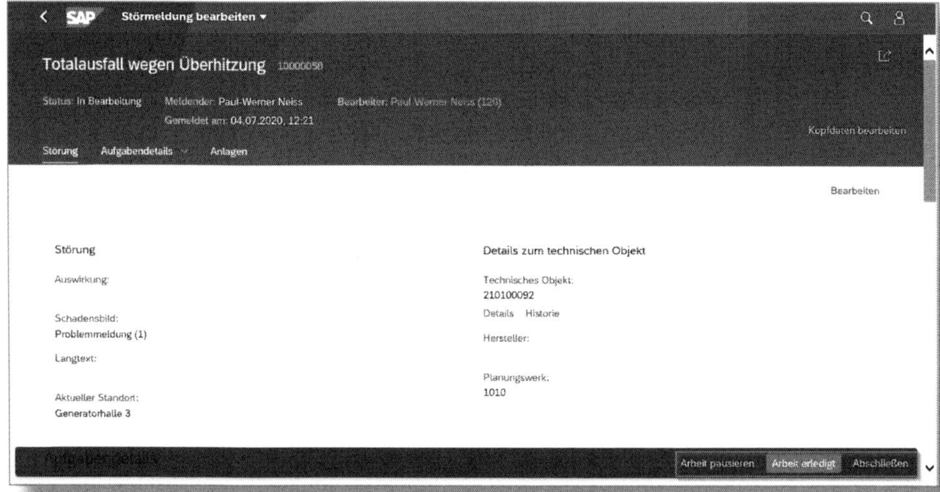

Abbildung 3.119: Auftrag in Arbeit

Wenn Sie in der App »Instandhaltungsauftrag ändern« zum IH-Auftrag gehen (siehe Abbildung 3.120), sehen Sie am Status INAR, dass der Auftrag bearbeitet wird. Über den Link zur MELDUNG im Auftrag können Sie diese direkt einsehen (siehe Abbildung 3.121).

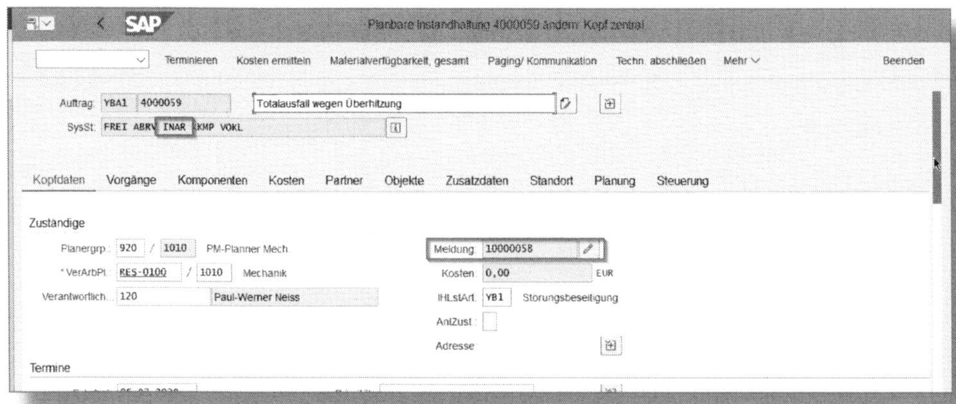

Abbildung 3.120: Auftrag ändern

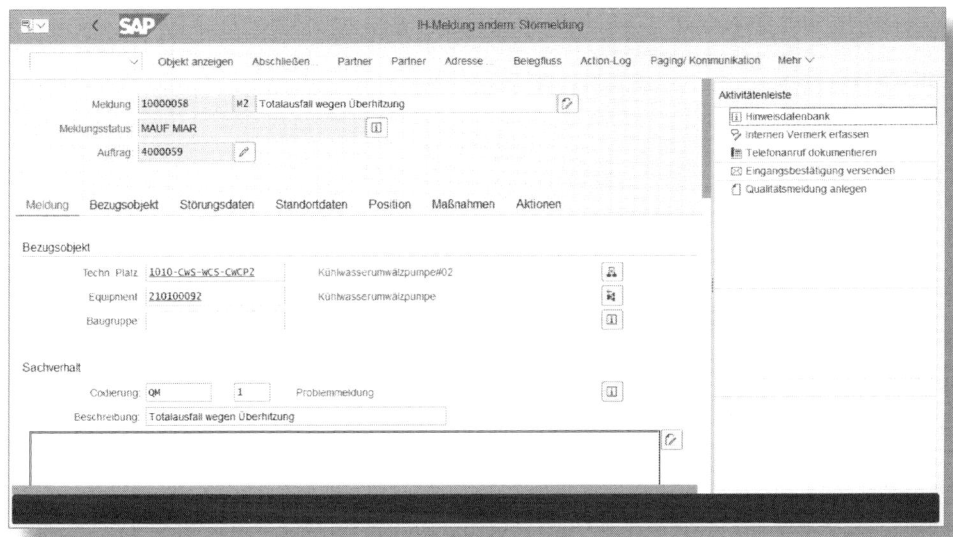

Abbildung 3.121: Meldung zur Störung

Sobald Sie die notwendigen Arbeiten fertiggestellt haben, klicken Sie auf **Arbeit erledigt** und danach auf **Abschließen**. Das System wechselt nun den Auftragsstatus zu »Abgeschlossen«.

Abbildung 3.122: Zeiten erfassen, endrückmelden

Möchten Sie Zeiten zum Reparaturauftrag rückmelden, klicken Sie auf AUFGABENDETAILS (siehe Abbildung 3.122) und danach auf den Button (Zeitrückmeldung hinzufügen).

Im folgenden Pop-up (siehe Abbildung 3.123) melden Sie Ihren TATSÄCHLICHEN AUFWAND in *Stunden* und markieren die Option ENDRÜCKMELDUNG.

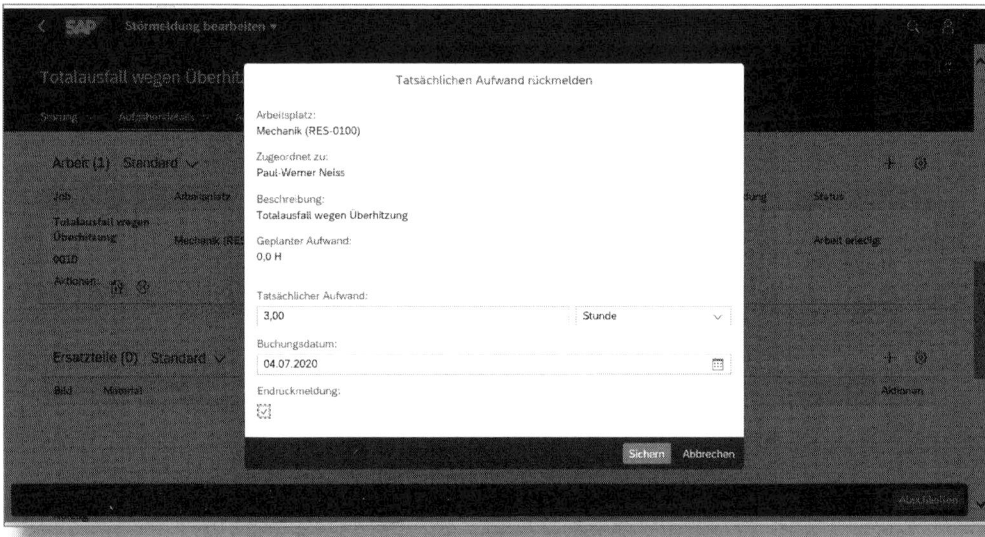

Abbildung 3.123: Tatsächliche Zeit rückmelden – Endrückmeldung

Klicken Sie dann auf Sichern und im nachfolgenden Bild (siehe Abbildung 3.124) auf ABSCHLIEẞEN.

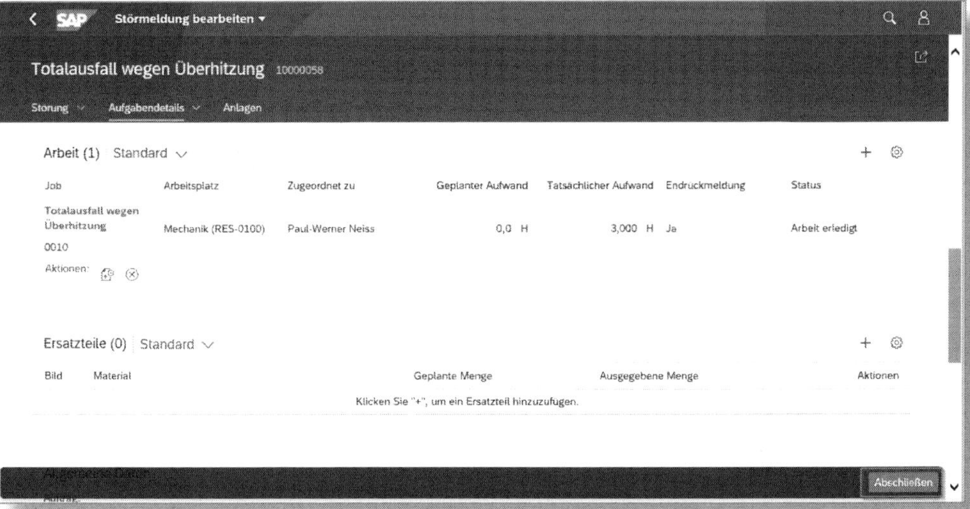

Abbildung 3.124: Auftrag abschließen

Infolgedessen ändert sich sowohl im Auftrag als auch in der Meldung der Status (siehe Abbildung 3.125).

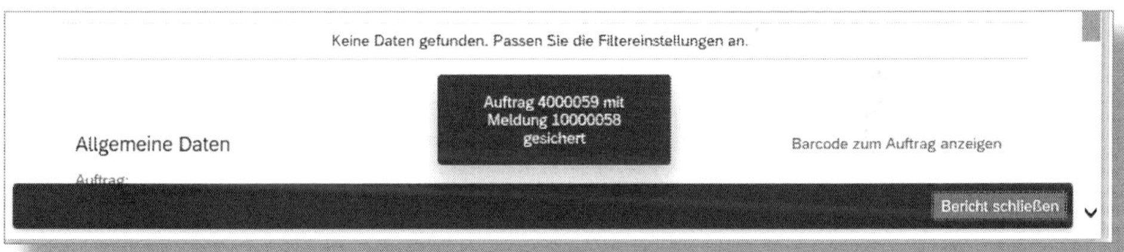

Abbildung 3.125: Auftrag und Meldung geändert

Mit Klick auf **Bericht schließen** wird die Meldung gesichert.

Abbildung 3.126: Meldung gesichert

Der Auftrag wurde technisch abgeschlossen (Status TABG, siehe Abbildung 3.127), und die zugehörige Meldung wurde als fertiggestellt (Status MMAB) gekennzeichnet (siehe Abbildung 3.128).

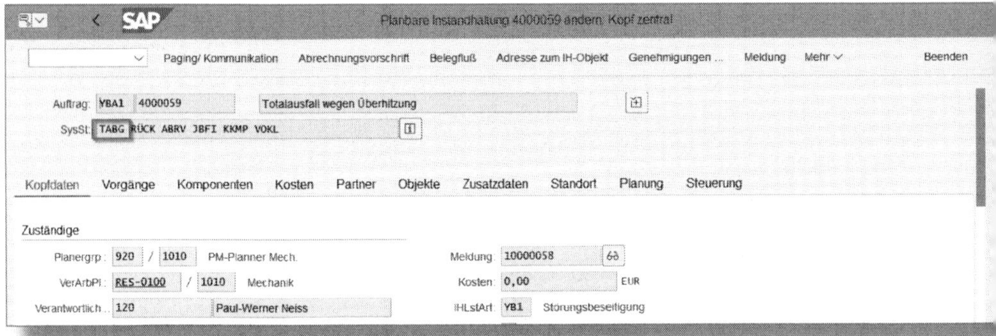

Abbildung 3.127: Auftrag technisch abgeschlossen (Status »TABG«)

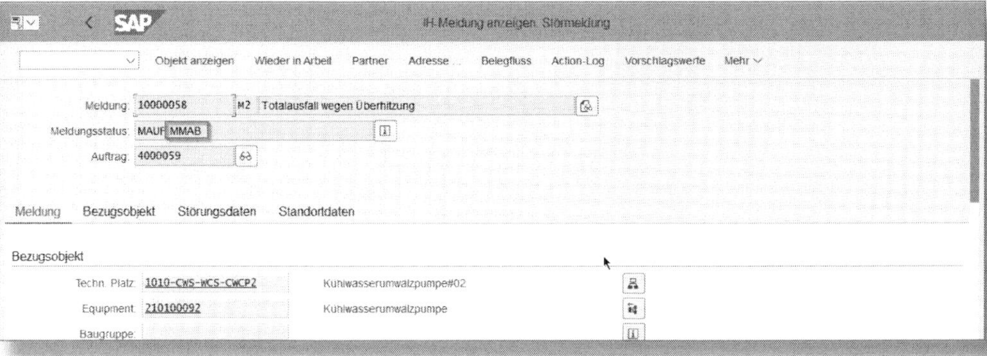

Abbildung 3.128: Meldung abgeschlossen (Status »MMAB«)

3.4 Prüfmittelkalibrierung

Werden in einer Produktion, einem Labor oder an anderen Stellen des Betriebs Prüf- und Messmittel eingesetzt, muss sichergestellt sein, dass diese immer die vorgegebenen Kriterien erfüllen. Dafür müssen Waagen, Lehren, Thermomessgeräte etc. in vorgegebenen Intervallen geprüft und kalibriert werden.

Die Funktionen der *Prüf- und Messmittelverwaltung* innerhalb des Moduls »SAP EAM« ermöglichen folgende Aktionen:

- Equipments verwalten (Prüf- oder Messmittel)
- Kalibrierprüfungen planen und terminieren
- Aufträge bzw. Prüflose zur Abwicklung dieser Prüfungen durchführen

In Abbildung 3.129 zeige ich Ihnen einen Überblick über die Mess- und Prüfmittelverwaltung anhand der Objekte des Prozesses.

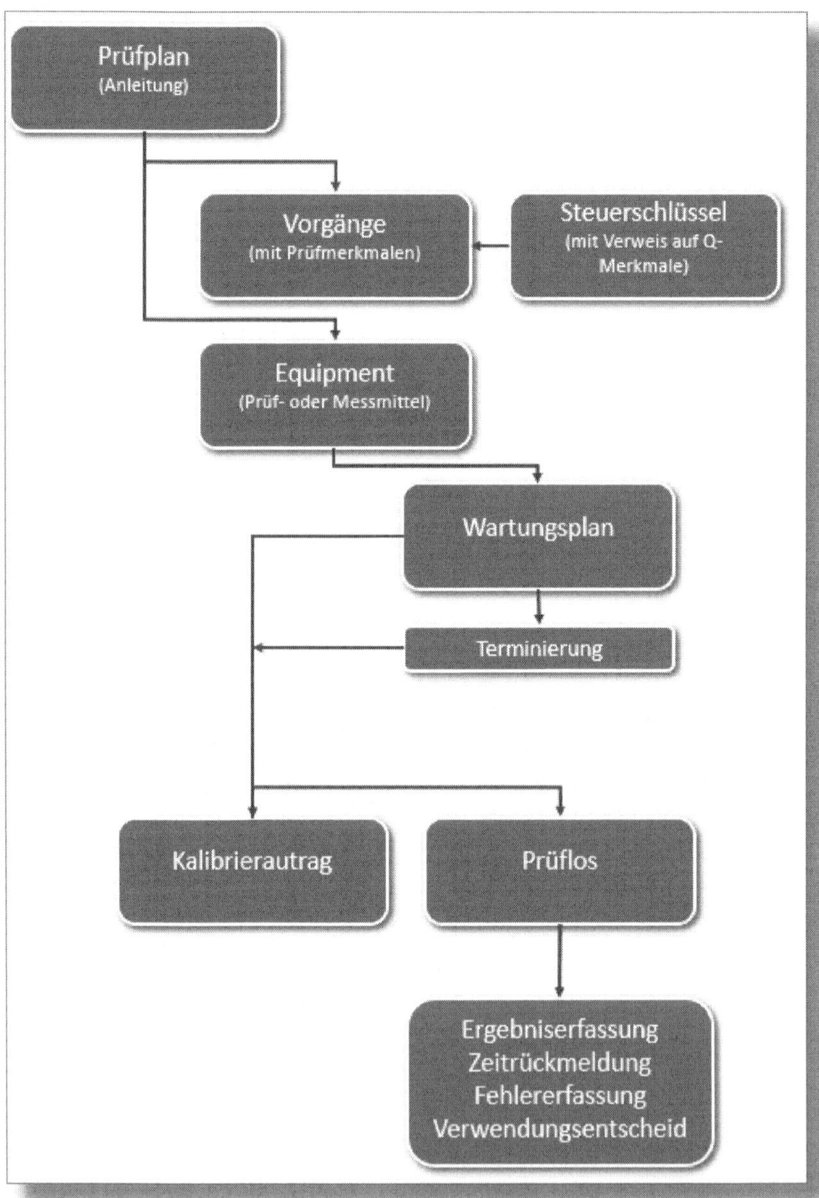

Abbildung 3.129: Schematischer Überblick einer Mess- und Prüfmittelüberwachung

Für jedes zu kalibrierende Equipment wird ein *Prüfplan* (IH-Anleitung oder Equipmentplan) angelegt. Innerhalb dieses Plans kann es mehrere Vorgänge geben; durch den entsprechenden Steuerschlüssel wird gekennzeichnet, zu welchem Vorgang Prüfmerkmale angelegt sind.

Der Prüfplan wird danach über einen Wartungsplan einem Equipment zugeordnet.

Wenn Sie innerhalb der Prüfmittelkalibrierung mit Anleitungen arbeiten, gehen Sie wie in Abschnitt 3.1.4 beschrieben vor.

Für die Prüfmittelkalibrierung legen wir hier einen Arbeitsplan zum Equipment, also einen Equipmentplan an.

Wählen Sie zunächst die Kachel ARBEITSPLAN ANLEGEN (siehe Abbildung 3.7) und im Einstiegsbild (siehe Abbildung 3.130) den ARBEITSPLAN ZUM TECHNISCHEN OBJEKT.

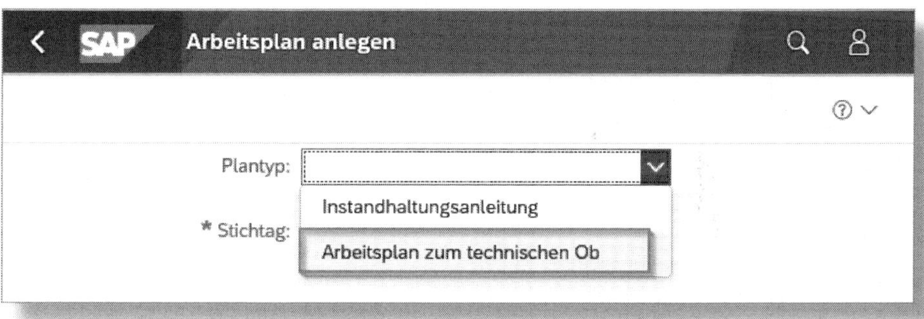

Abbildung 3.130: Equipmentplan anlegen

Daraufhin geben Sie das technische Objekt ein, für das der Equipmentplan angelegt werden soll (siehe Abbildung 3.131).

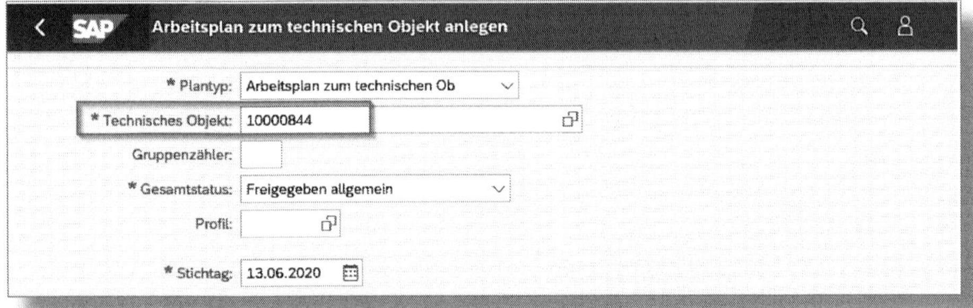

Abbildung 3.131: Technisches Objekt zum Equipmentplan

Mit einem Klick auf den Button Weiter erreichen Sie die Sicht ALLGEMEINE DATEN (siehe Abbildung 3.132). Hier wurden bereits alle Daten aus dem Equipment übernommen. Die Bedeutung der Felder habe ich in Tabelle 3.2 beschrieben.

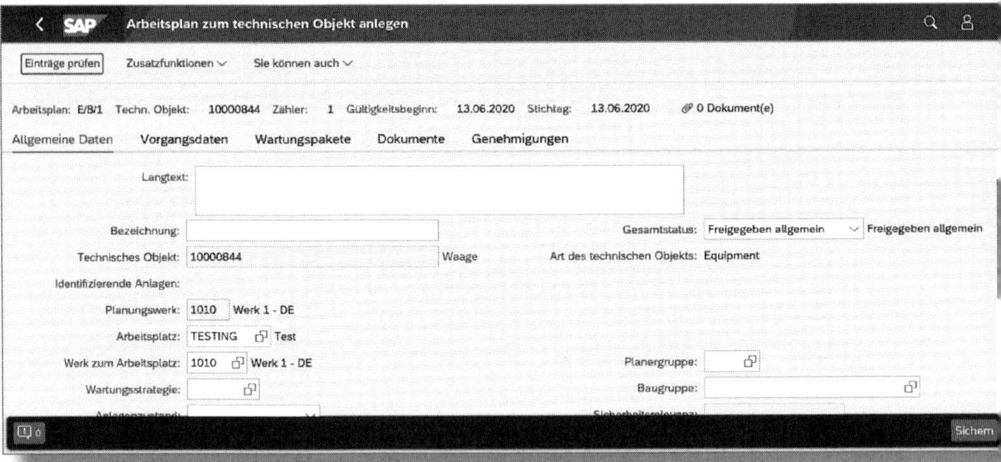

Abbildung 3.132: Equipmentplan – allgemeine Daten

Sofern Sie eine automatische Kalibrierung anstreben, sollten Sie in den allgemeinen Daten die WARTUNGSSTRATEGIE hinterlegen. Sie finden dieses Feld in der linken unteren Ecke der Abbildung 3.132.

In den Vorgangsdaten (siehe Abbildung 3.133) geben Sie die Kalibrierprüfungen vor. In dieser Sicht ist nur der Steuerschlüssel (hier: *QM01*) eine Pflichteingabe.

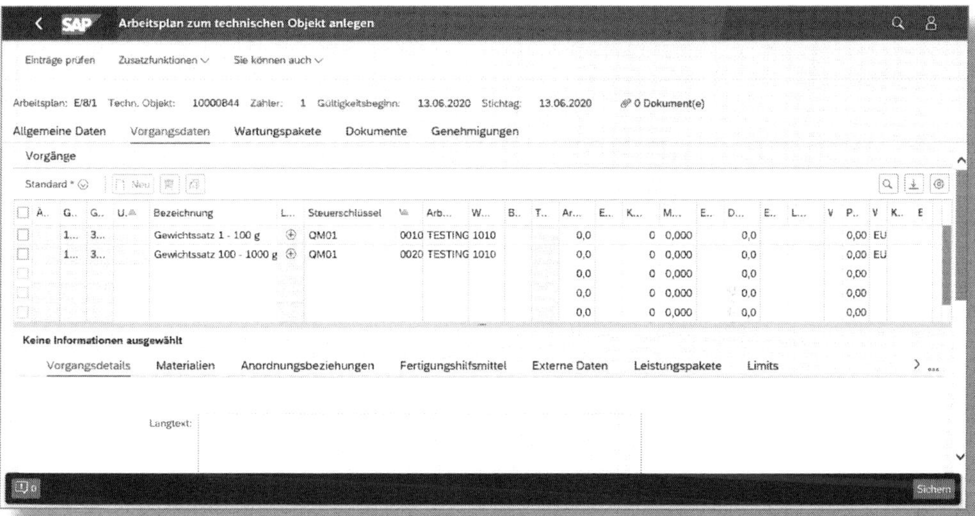

Abbildung 3.133: Equipmentplan – Kalibriervorgang mit Steuerschlüssel

Steuerschlüssel: QM01 Prüfvorgang: Merkmale

Detailinformation

Terminieren: | Rückmeldung drucken:
KapaBed. ermitteln: | Lohnscheine drucken:
Kalkulieren: | Drucken:
Automatischer WE: | FremdArbVorg. term.:
Prüfmerkm. erforder.: ✓ | Fremdbearbeitung:
Nacharbeit: | Rückmeldung:

Abbildung 3.134: Details zum Steuerschlüssel QM01

Dieser STEUERSCHLÜSSEL gibt vor, dass zu dem Vorgang, dem der Schlüssel zugeordnet wurde, Prüfmerkmale erwartet werden, also eine Kalibrier- oder Qualitätsprüfung stattfinden soll (siehe Abbildung 3.134).

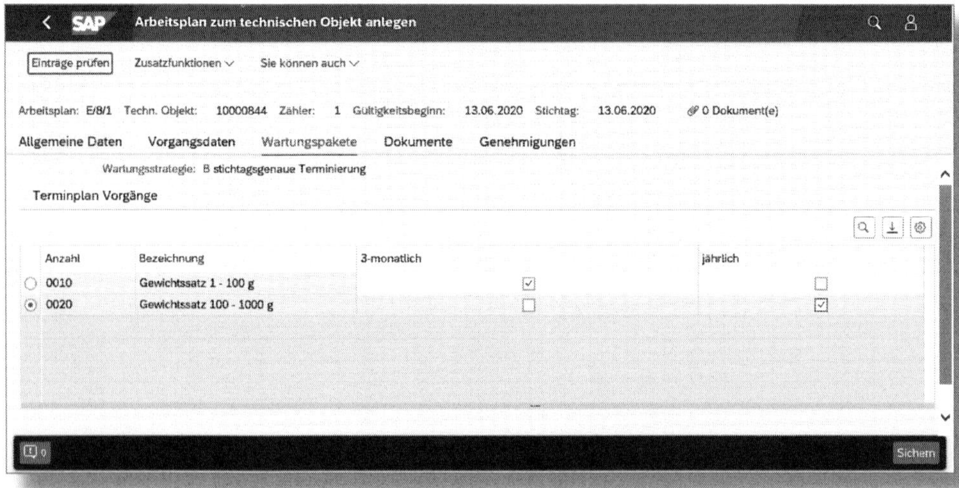

Abbildung 3.135: Wartungspaket für Kalibrierung

Nachdem in der allgemeinen Sicht eine Wartungsstrategie zugeordnet worden ist, können wir nun auch in der Sicht WARTUNGSPAKETE (siehe Abbildung 3.135) die entsprechenden Wartungsintervalle pro Vorgang hinterlegen.

Danach speichern Sie den Equipmentplan mit Klick auf den Button Sichern.

Um eine Kalibrierung durchführen zu können, müssen den Vorgängen jetzt noch *Prüfmerkmale* zugeordnet werden. Hier empfehle ich den Weg über die SAP-GUI-Transaktion *IA02* (Equipmentplan ändern).

Rufen Sie die Transaktion auf und geben die Nummer für das EQUIPMENT ein (siehe Abbildung 3.136).

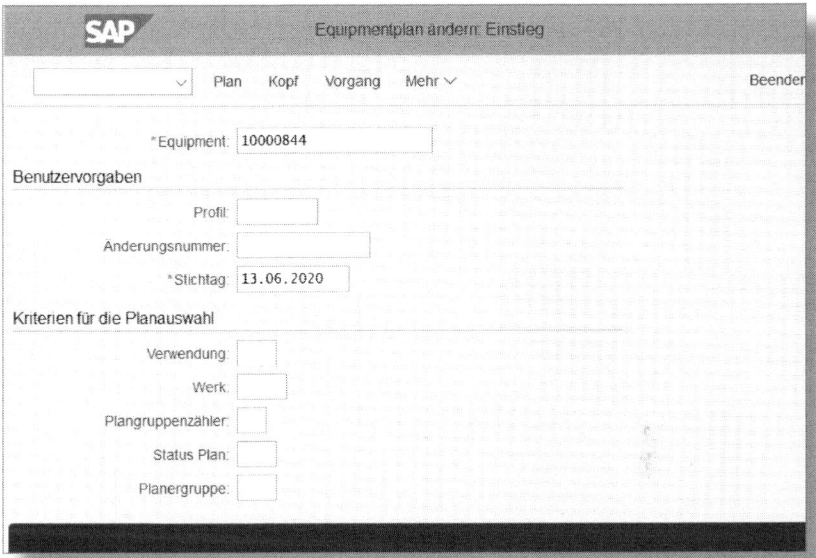

Abbildung 3.136: Equipmentplan ändern – Transaktion IA02

Wenn Sie auf den Button Kopf klicken, gelangen Sie zum Bildschirm KOPF ALLGEMEINE SICHT (siehe Abbildung 1.137).

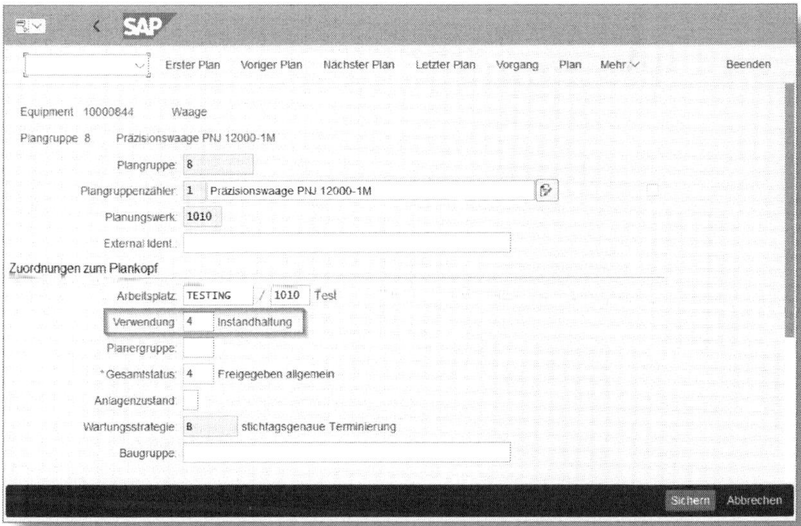

Abbildung 3.137: Equipmentplan ändern (IA02) – Kopfdaten

Tragen Sie als Planverwendung *4 – Instandhaltung* ein und scrollen Sie nach unten, bis Sie zur Sektion QM-DATEN gelangen (siehe Abbildung 3.138).

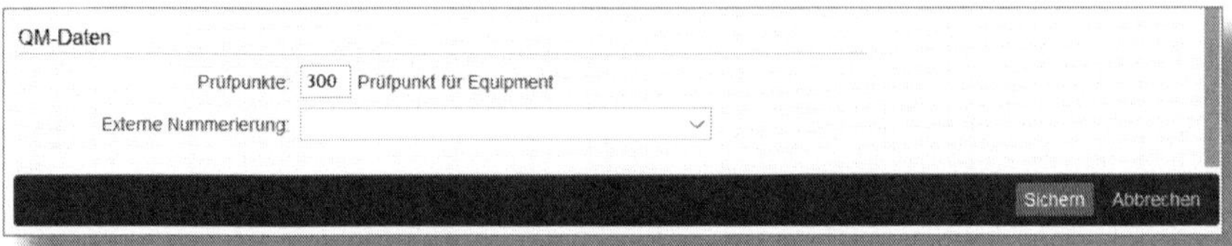

Abbildung 3.138: Equipmentplan ändern über IA02 – QM-Daten

Hier müssen Sie im Feld PRÜFPUNKTE *300 – Prüfpunkt für Equipment* eintragen, damit das System für jedes Equipment einen Prüfpunkt anlegt.

Prüfpunkt

Der »Prüfpunkt« kennzeichnet einen Satz von Prüfergebnissen, der einem Arbeits- oder Prüfvorgang zugeordnet ist.

Dies bedeutet, dass die komplette Prüfung eines Vorgangs über die Anlage eines zusätzlichen Prüfpunkts wiederholt werden kann. Hierfür muss kein neues Prüflos eröffnet werden. Für weitere Informationen empfehle ich Ihnen mein Buch »Schnelleinstieg in das Qualitätsmanagement mit SAP QM«, ebenfalls bei Espresso Tutorials erschienen.

Über den Button Vorgang erreichen Sie die Übersicht mit den beiden zuvor angelegten Vorgängen (siehe Abbildung 3.139).

Markieren Sie die Vorgänge, zu denen Sie Prüfmerkmale hinterlegen möchten, und klicken Sie auf den Button Prüfmk .

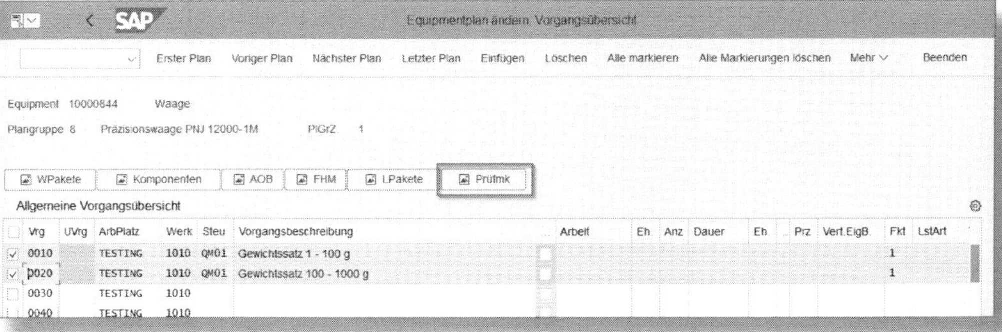

Abbildung 3.139: Equipmentplan ändern (IA02) – Vorgangsübersicht

In der MERKMALSÜBERSICHT (siehe Abbildung 3.140) legen Sie nun die Prüfmerkmale an, die als Stammprüfmerkmale vorkonfiguriert sind oder manuell zu jedem Prüfplan individuell angelegt werden können.

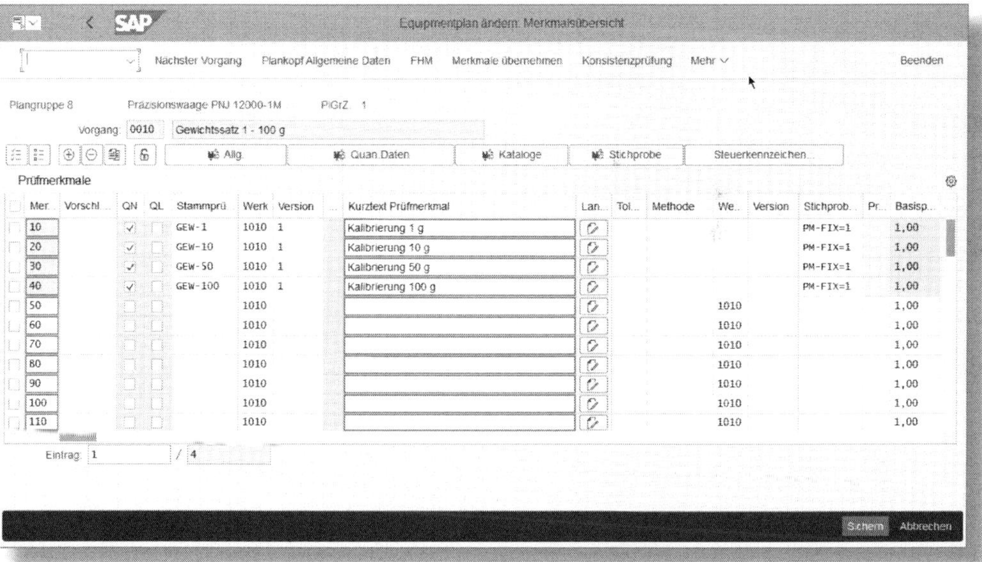

Abbildung 3.140: Prüfmerkmale zum Vorgang 0010 anlegen

Nutzen Sie anschließend den Button **Nächster Vorgang**, um die Merkmale für den folgenden Vorgang einzugeben (siehe Abbildung 3.141).

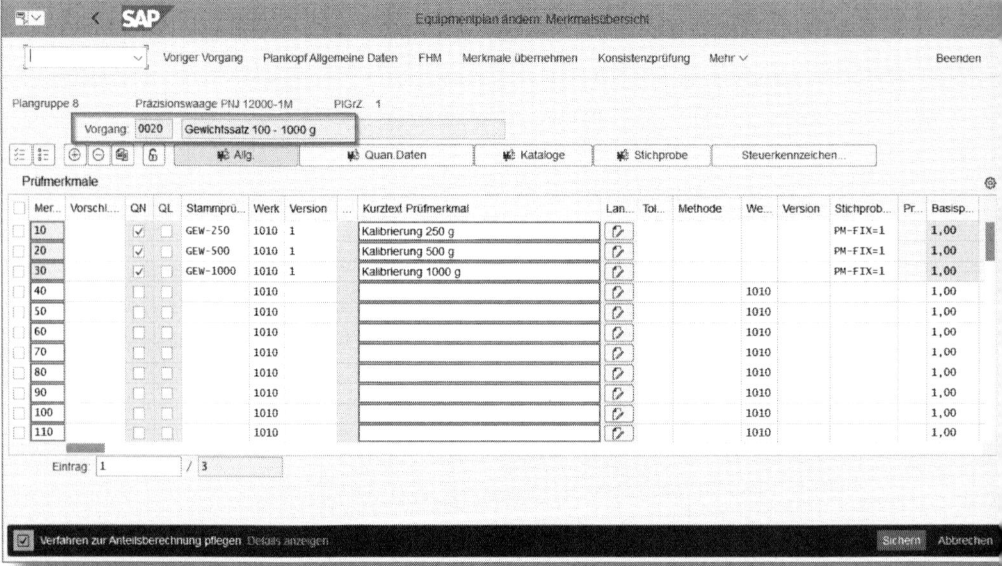

Abbildung 3.141: Prüfmerkmale zum Vorgang 0020 anlegen

Danach ist der Equipmentplan komplett und kann durch Klick auf den Button **Sichern** abgeschlossen werden.

3.4.1 Strategieplan

Auch für die Kalibrierprüfung muss ein Wartungsplan erstellt werden, damit Kalibrieraufträge (automatisch) erzeugt werden und ein Prüflos (Prüfauftrag) erstellt wird. Wie ein Wartungsplan angelegt wird, habe ich Ihnen bereits in Abschnitt 3.1.1 erklärt.

Für die Kalibrierung legen wir außerdem einen Strategieplan an (siehe Abbildung 3.142).

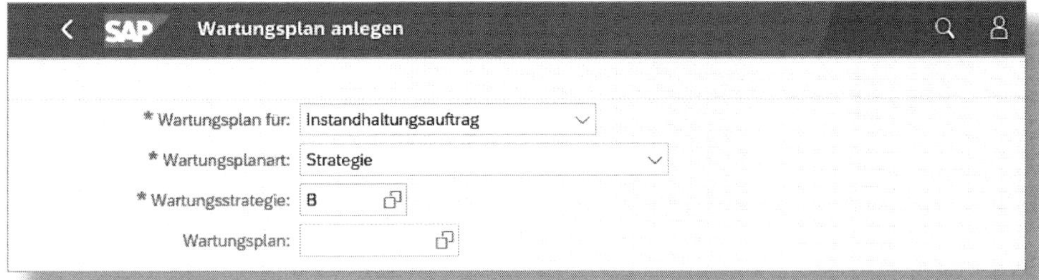

Abbildung 3.142: Strategieplan anlegen

In der Positionsübersicht (siehe Abbildung 3.143), die Sie jetzt erreichen, ist es wichtig, die richtige AUFTRAGSART zu wählen.

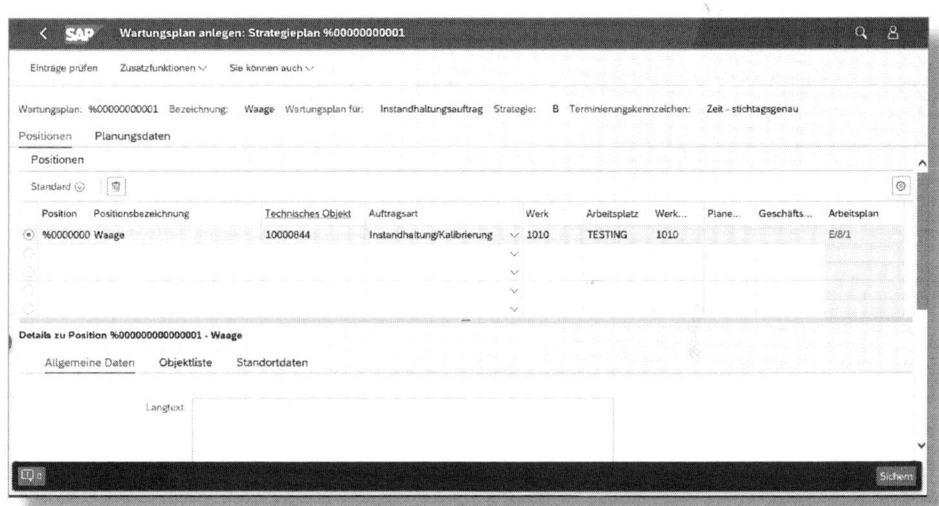

Abbildung 3.143: Position zum Kalibrierwartungsauftrag

In diesem Beispiel ist das die Auftragsart PQ01 (siehe Abbildung 3.144), der im Customizing die *Prüfart 14* der Kalibrierprüfung zugeordnet wurde. Damit ist gewährleistet, dass ein Prüflos für die Ergebniserfassung der Kalibrierprüfung erstellt wird.

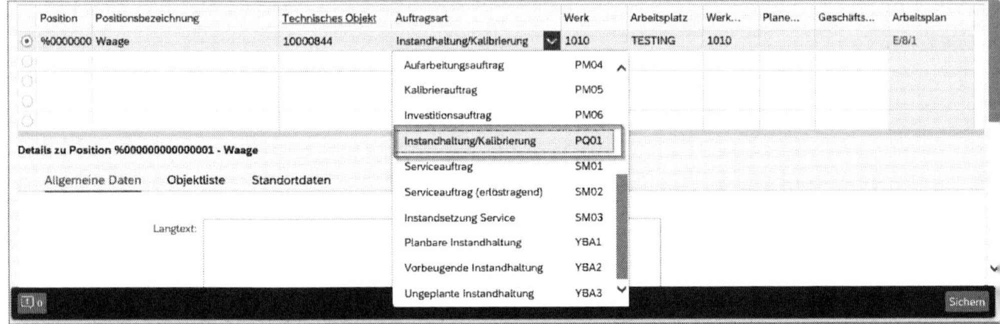

Abbildung 3.144: Auftragsart für Kalibrierauftrag

Außerdem ist es wichtig, der Wartungsposition den korrekten ARBEITSPLAN zuzuordnen. Das erfolgt im unteren Bildschirmabschnitt zur Wartungsposition (siehe Abbildung 3.145).

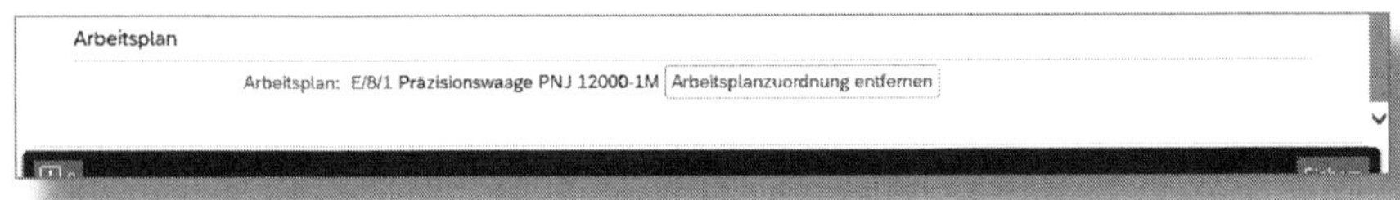

Abbildung 3.145: Arbeitsplanzuordnung zum Wartungsplan

Für alle anderen Eingaben verweise ich auf den Abschnitt 3.1.5.

Speichern Sie zuletzt den Wartungsplan mit Klick auf den Button Sichern.

3.4.2 Wartungsplan terminieren und Prüfauftrag erstellen

Die Terminierung eines Wartungsplans habe ich bereits in Abschnitt 3.1.6 vorgestellt. Für die Beschreibung einer Prüflosanlage habe ich den Wartungsplan ebenfalls manuell terminiert (siehe Abbildung 3.146).

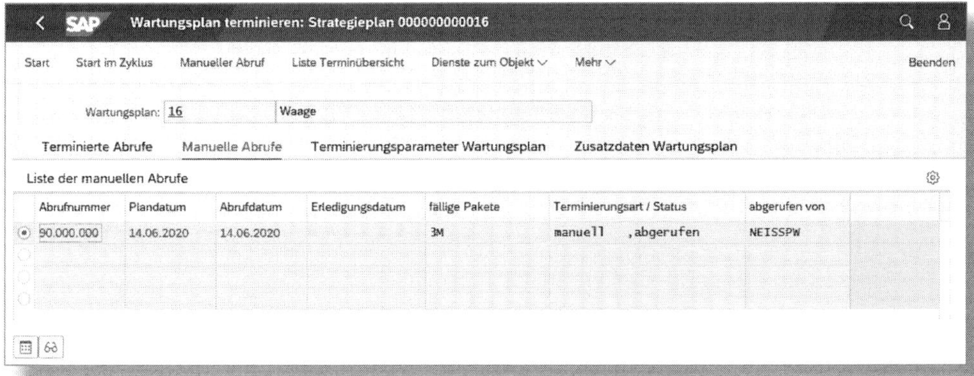

Abbildung 3.146: Wartungsplan mit manuellem Abruf

Markieren Sie den Abruf und klicken Sie auf das Brillensymbol (𝟔𝟔), um den angelegten Auftrag einzusehen (siehe Abbildung 3.147).

Abbildung 3.147: Kalibrierauftrag (oberer Bildschirmausschnitt)

In den KOPFDATEN des Auftrags sehen Sie alle Daten, die aus dem Wartungsplan bzw. dem technischen Objekt (hier: Equipment) übernommen wurden.

Der aktuelle Status des Auftrags wird hier ebenfalls angezeigt. Relevant sind die beiden Status FREI und PLOS (siehe Abbildung 3.148). Nur wenn der Auftrag bei Anlage durch Terminierung direkt freigegeben wird (Status »FREI«), wird auch automatisch ein Prüflos angelegt (Status »PLOS«).

Ob der Auftrag direkt im Hintergrund freigegeben wird, stellen Sie im Customizing ein. Falls dies in Ihrem Unternehmen nicht gewünscht ist, muss die Freigabe des Auftrags manuell erfolgen und dadurch das Prüflos erzeugt werden.

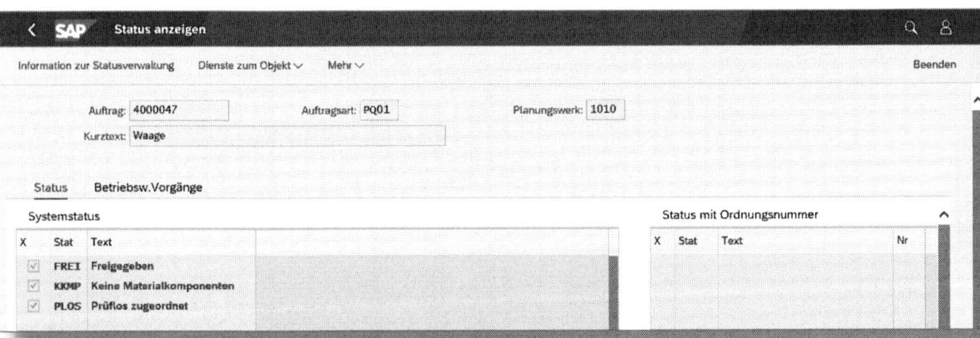

Abbildung 3.148: Systemstatus des Kalibrierauftrags

Die Daten zum technischen Objekt und den Inhalt des ersten zu prüfenden Vorgangs sehen Sie im unteren Teil des Auftrags (siehe Abbildung 3.149).

Sofern mehrere Vorgänge zu prüfen sind, werden diese im Reiter Vorgänge (siehe Abbildung 3.150) gelistet.

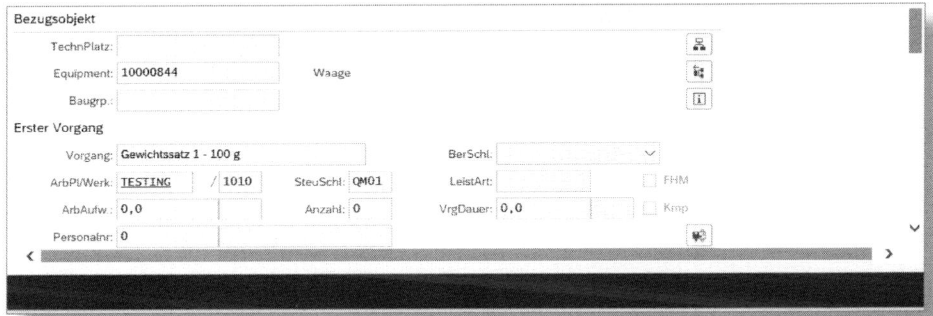

Abbildung 3.149: Kalibrierauftrag (unterer Bildschirmausschnitt)

Abbildung 3.150: Vorgangsübersicht des Kalibrierauftrags

3.4.3 Prüflos

Die Bearbeitung von Prüflosen, die Ergebniserfassung und der *Verwendungsentscheid (VE)* (siehe Abschnitt 3.4.5) sind Aktivitäten, die eigentlich zum SAP-Modul *Qualitätsmanagement (QM)* gehören und für die Prüfmittelkalibrierung vom Modul »Instandhaltung« mitgenutzt werden.

Daher werden die dafür notwendigen Einstellungen im Customizing auch von den QM-Verantwortlichen vorgenommen – natürlich in enger Abstimmung mit den Kalibrierverantwortlichen.

Sie können das soeben angelegte Prüflos über die jeweilige Fiori-App (siehe Abbildung 3.151) anzeigen, ändern oder manuell ein neues Prüflos anlegen.

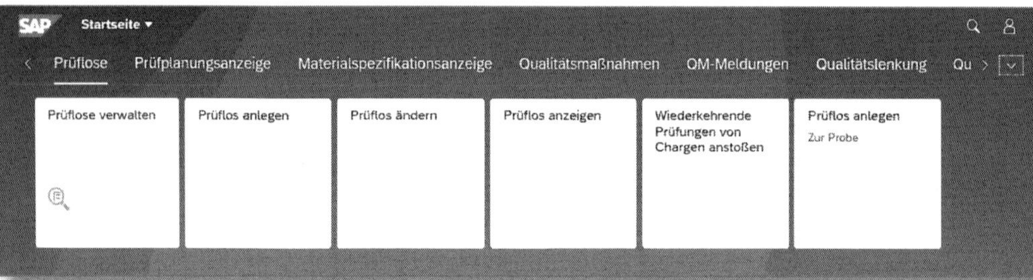

Abbildung 3.151: Apps zur Prüflosverwaltung

Wir nutzen hier die App »Prüflos anzeigen«, um das angelegte Kalibrierprüflos einzusehen. Normalerweise speichert SAP das zuletzt bearbeitete Objekt (in Abbildung 3.152 das PRÜFLOS) so, dass Sie es nicht suchen müssen (diese Eigenschaft können Sie benutzerabhängig in den Einstellungen der SAP GUI ändern; fragen Sie hierzu Ihren Support).

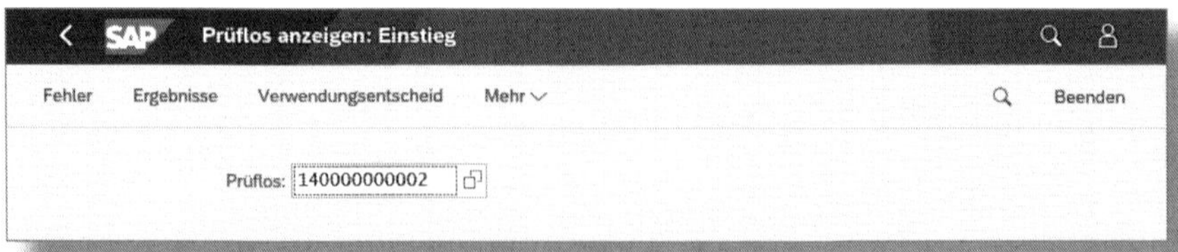

Abbildung 3.152: Prüflos anzeigen

Sollte dies bei Ihnen nicht der Fall sein, liegt das unter Umständen daran, dass der Auftrag und das Prüflos über einen Hintergrundjob angelegt wurden oder dass zwischen der Freigabe des Auftrags und der Bearbeitung des Prüfloses zu viele andere Transaktionen aufgerufen wurden. In diesem Fall können Sie nach dem Prüflos suchen.Hierfür klicken Sie im Feld Prüflos auf den Such-Button Prüflos: .

Im folgenden Pop-up (siehe Abbildung 3.153) geben Sie die Kriterien ein, nach denen Sie suchen möchten.

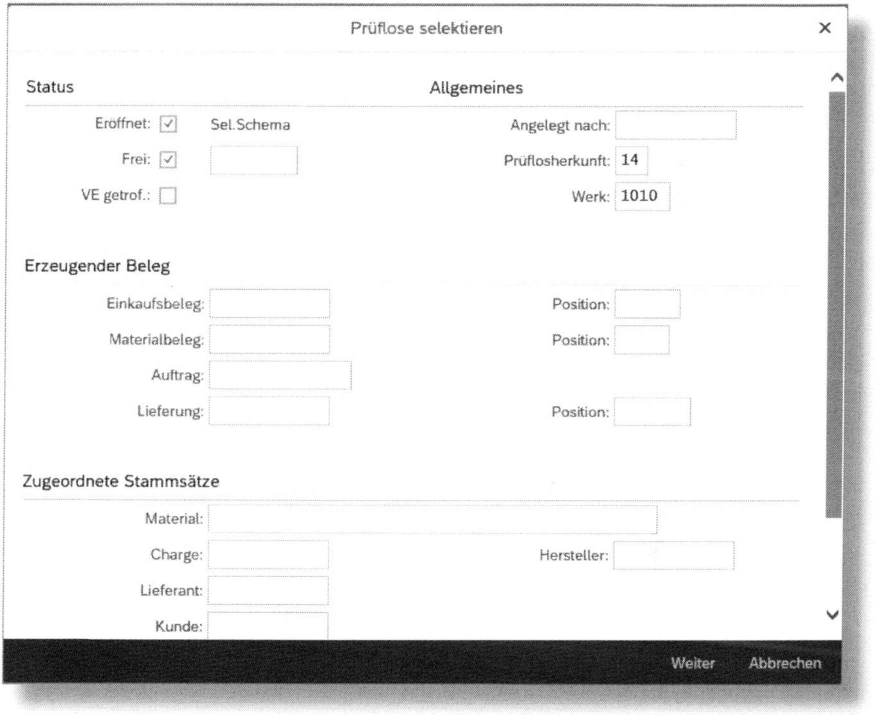

Abbildung 3.153: Prüflossuche – Selektion der Suchkriterien

Für die Suche nach Kalibrierprüflosen benötigen Sie nur den oberen Teil des Pop-ups:

Im Bereich Status löschen Sie die Markierung bei VE getrof., damit das System nur nach Prüflosen sucht, die noch zu bearbeiten sind. Danach wählen Sie die Prüflosherkunft (für unser Beispiel 14 Instandhaltung, siehe auch Abbildung 3.154) sowie das Werk, in dem das Prüflos angelegt wurde, also in der Regel das Werk, für das die Kalibrierung durchzuführen ist.

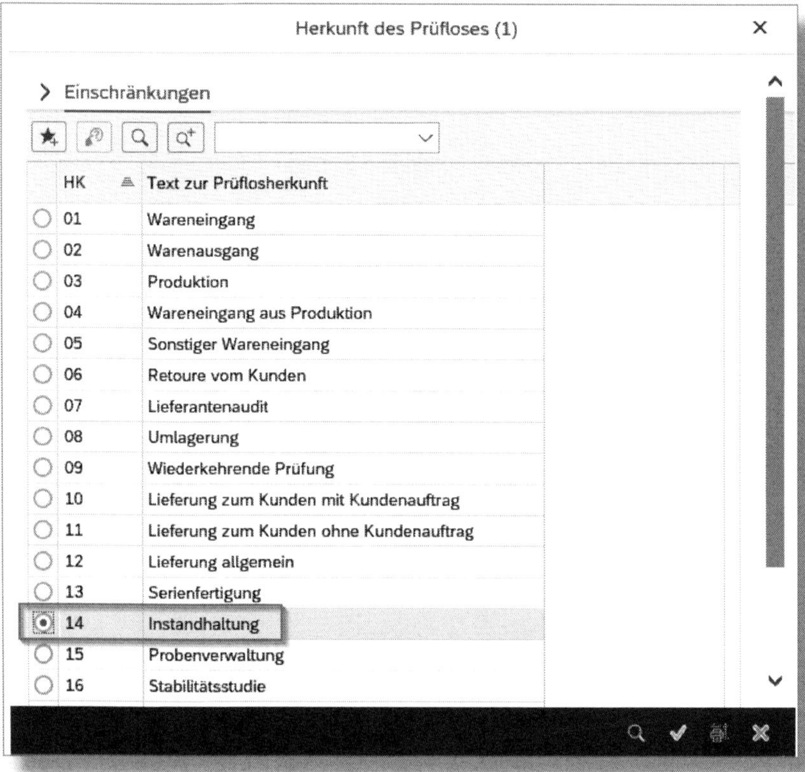

Abbildung 3.154: Mögliche Prüflosherkunft

Klicken Sie auf den Button **Weiter**, um die Suche mit den Vorgaben zu starten. Das System zeigt alle zur Bearbeitung stehenden Prüflose an. In unserem Fall wurde nur ein zutreffendes Prüflos gefunden (siehe Abbildung 3.155).

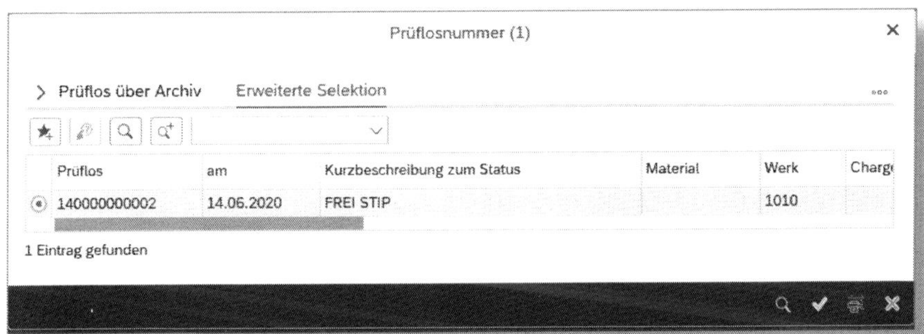

Abbildung 3.155: Auswahl der gefundenen Prüflose

Markieren Sie die Zeile, klicken Sie auf ✔ (siehe Abbildung 3.152) und danach auf Weiter. Anschließend wird Ihnen das Prüflos im Detail angezeigt (siehe Abbildung 3.156).

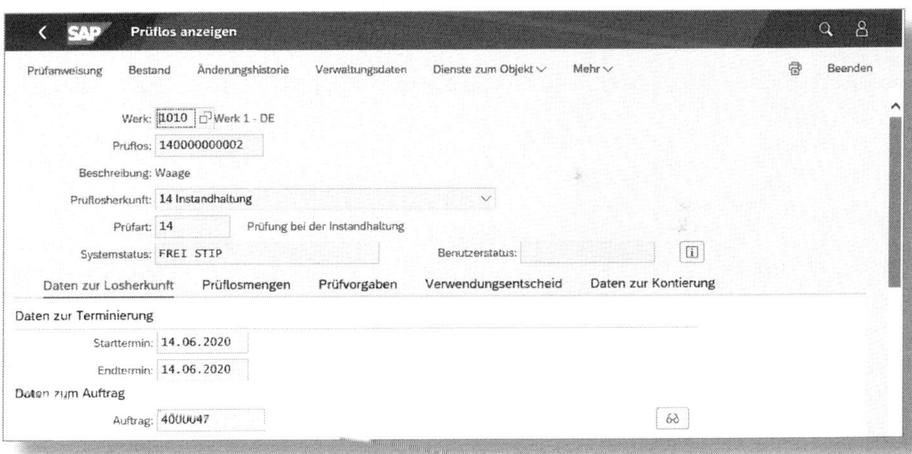

Abbildung 3.156: Prüflos zur Kalibrierung anzeigen

Auch im Prüflos ist der SYSTEMSTATUS von großer Bedeutung. Wurde das Prüflos ohne Fehler angelegt, ist der hier angezeigte Status FREI (freigegeben). Erst dann ist das Prüflos zur Bearbeitung bereit, und eine *Prüfspezifikation* (Prüfplan bzw. für die Kalibrierung eine Anleitung mit Prüfmerkmalen) ist zugeordnet.

Darüber hinaus gibt es in dieser Sicht nur ein Feld, das für uns von Interesse ist: 👓. Mit der Brille können Sie vom Prüflos direkt in den Auftrag springen. Aber auch das hat nur informativen Charakter; der Auftrag wird je nach Einstellungen und Gegebenheiten in Ihrem Werk nur noch zur Kosteneingabe verwendet. Wird das Prüflos durch den Verwendungsentscheid beendet, kann der Auftrag ebenfalls im Hintergrund abgeschlossen werden.

3.4.4 Kalibrierung/Ergebnisserfassung

Prüfergebnisse werden in SAP normalerweise mit der GUI-Transaktion *QE51N* erfasst. Es gibt hierfür auch eine Fiori-App (siehe Abbildung 3.157), doch leider können mit ihr keine Ergebnisse zu Instandhaltungsprüflosen erfasst werden.

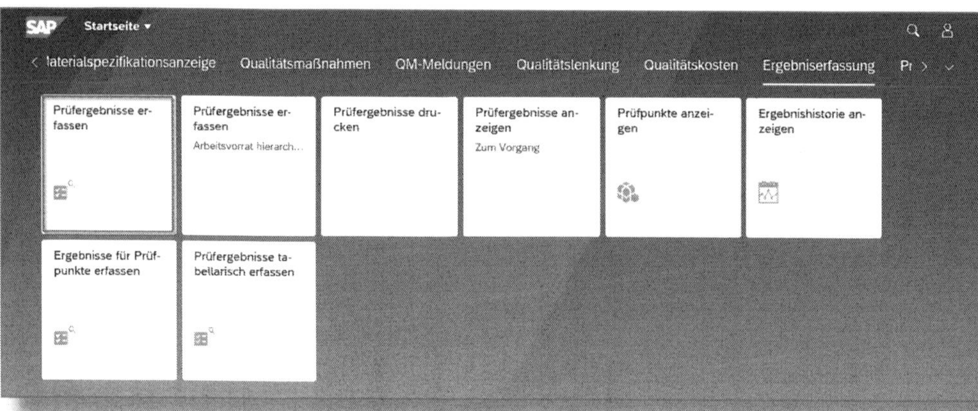

Abbildung 3.157: Apps zur Ergebniserfassung

Selbst wenn alle Filter eingegeben werden, zeigt das System keine Treffer an (siehe Abbildung 3.158).

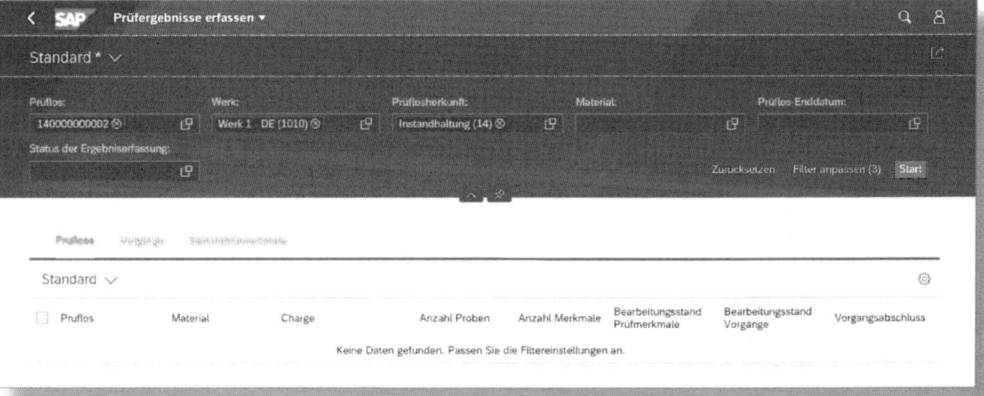

Abbildung 3.158: Instandhaltungsprüflos über App

Daraus folgt, dass Sie die Ergebniserfassung zum Kalibrierprüflos über die GUI-Transaktion *QE51N* durchführen oder alternativ selbst eine HTML-App dazu erstellen müssen.

Erstellung einer HTML-App zur GUI-Transaktion

Rufen Sie über Ihren Profilbutton den APP FINDER (siehe Abbildung 3.159) mit der Liste aller im System vorhandenen Apps auf. Öffnen Sie dort den Menüpunkt SAP-MENÜ (siehe Abbildung 3.160).

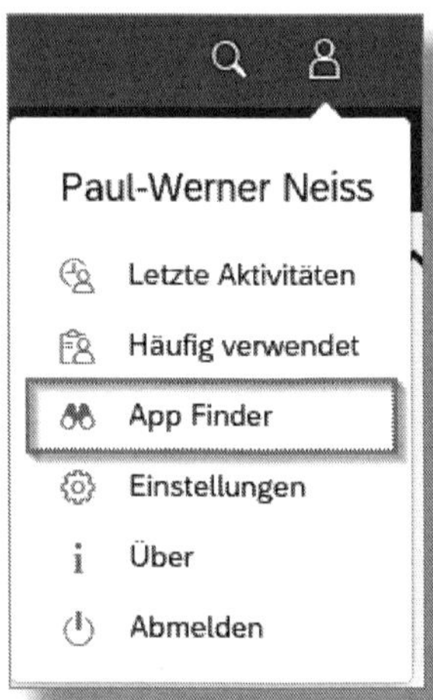

Abbildung 3.159: Aufruf »App Finder«

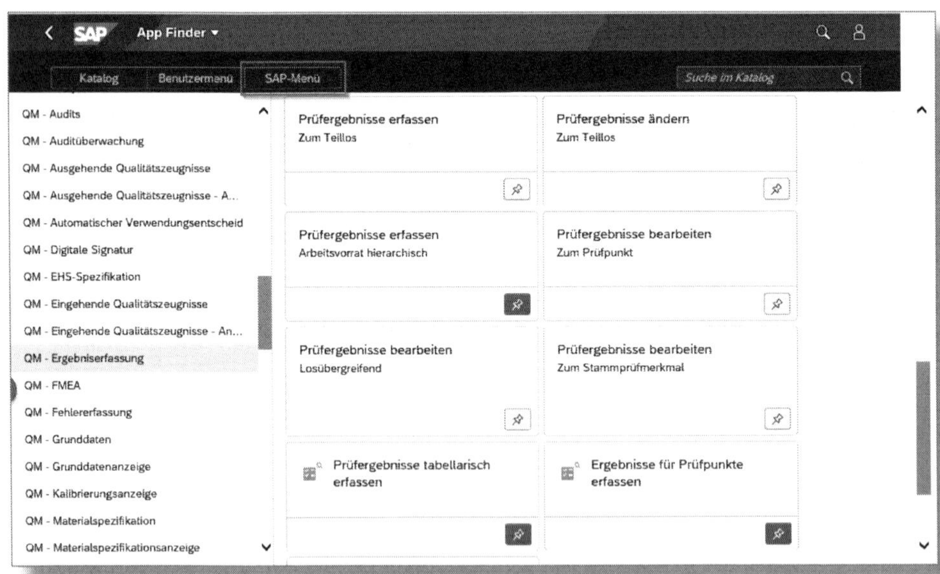

Abbildung 3.160: Erstellung einer HTML-App über den App Finder

Sie kommen nun zu dem Menübaum, den Sie bereits vom Einstieg in ein herkömmliches SAP-System kennen (siehe Abbildung 3.161).

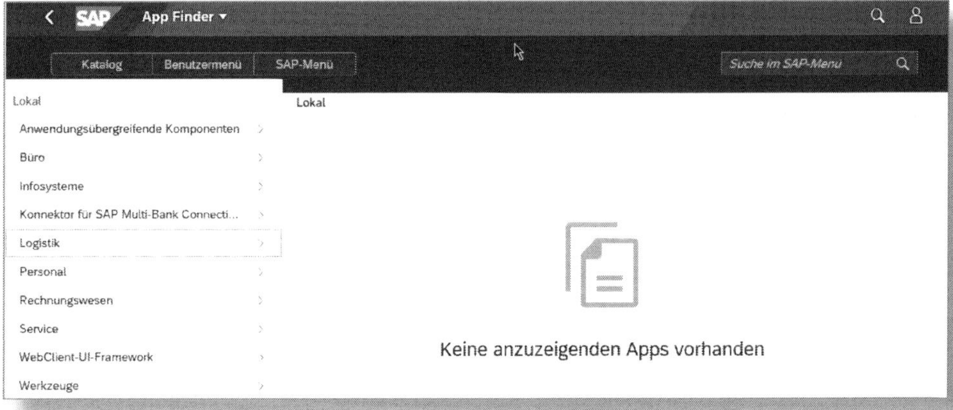

Abbildung 3.161: SAP-Menü über App Finder

Gehen Sie über den Pfad LOGISTIK • QUALITÄTSMANAGEMENT • QUALITÄTSPRÜFUNG • PRÜFERGEBNIS zur Kachel PRÜFERGEBNISSE ERFASSEN – ARBEITSVORRAT HIERARCHISCH (siehe Abbildung 3.162). Klicken Sie neben der Kachel auf .

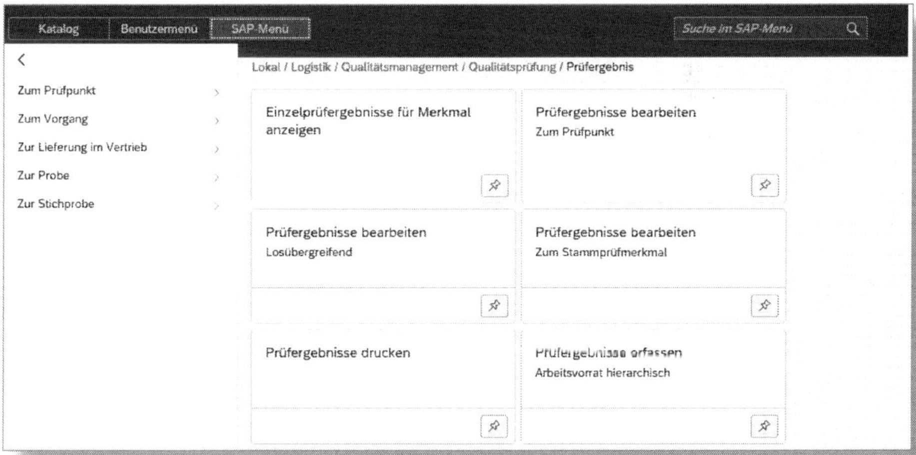

Abbildung 3.162: App Finder im SAP-Menü

Nun können Sie festlegen, zu welcher Gruppe Sie diese App hinzufügen möchten (siehe Abbildung 3.163).

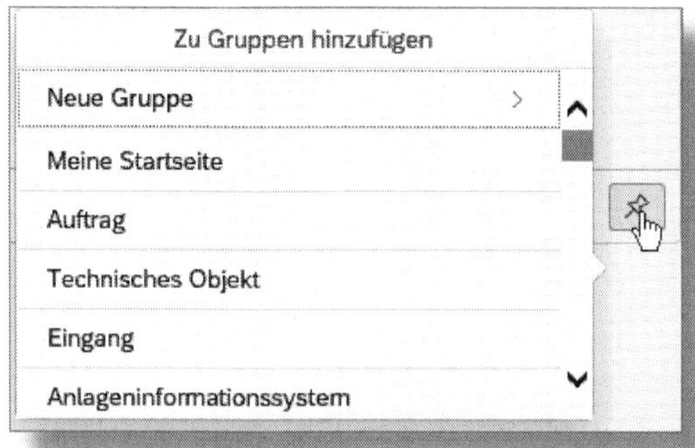

Abbildung 3.163: Neue App zu Gruppen hinzufügen

Sie finden die App jetzt in der von Ihnen gewählten Gruppe (siehe Abbildung 3.164). Von dort können Sie die Transaktion über HTML in der SAP GUI starten.

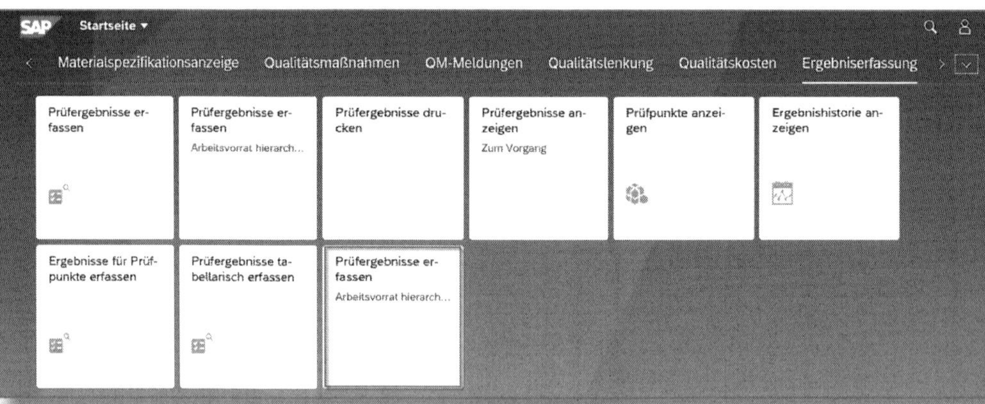

Abbildung 3.164: Neu erstellte App zur Ergebniserfassung

Wenn Sie die App anklicken, gelangen Sie zur Suche nach offenen Prüflosen, die Sie nach verschiedenen Kriterien durchführen können. Die Suche über das Material (siehe Abbildung 3.165) ist die Standardeinstellung. Hier kann auch ohne Materialnummer gesucht werden. Zwar wird diese Einstellung überwiegend für die Selektion von Prüflosen aus den Bereichen »Wareneingang« und »Produktion« genutzt, sie kann aber für alle Prüflosherkünfte eingesetzt werden.

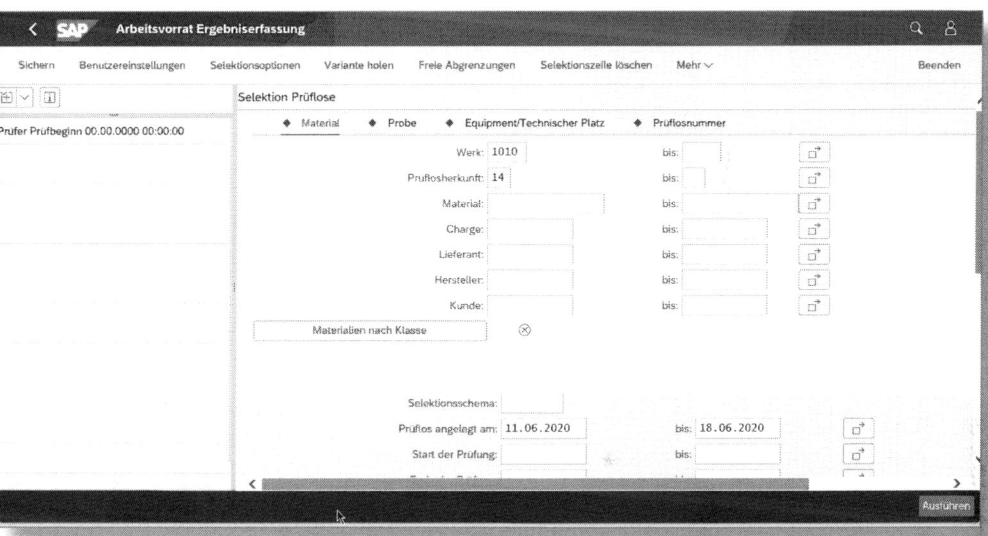

Abbildung 3.165: Suche nach offenen Prüflosen über das Material

Sofern Sie die Nummer des technischen Objekts kennen, wählen Sie die Selektionsvariante EQUIPMENT/TECHNISCHER PLATZ (siehe Abbildung 3.166).

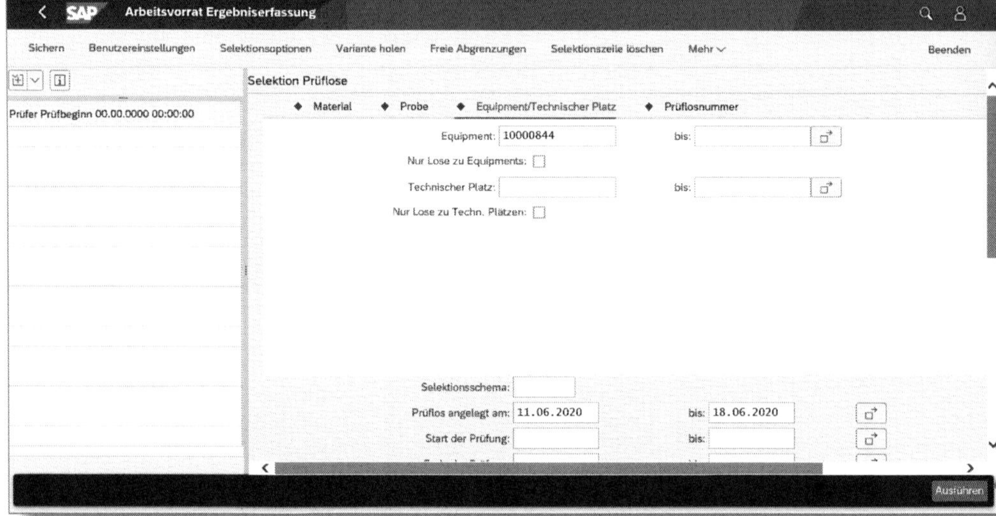

Abbildung 3.166: Suche nach offenen Prüflosen über das technische Objekt

Beide Varianten führen durch Klick auf den Button Ausführen zu einer Liste offener Prüflose (in unserem Beispiel gibt es nur ein Prüflos).

Durch Aufrufen des jeweiligen Vorgangs verzweigt das System direkt in die MERKMALSÜBERSICHT zur Ergebniserfassung (siehe Abbildung 3.167).

Ergebniserfassung über QE51N

Über die Transaktion *QE51N* zeigt das SAP-System nur Prüflose an, die zur Bearbeitung bereit sind. Wenn kein Prüfplan gefunden wurde oder das Prüflos aus einem anderen Grund nicht bearbeitbar ist, wird dies in dieser Transaktion nicht angezeigt.

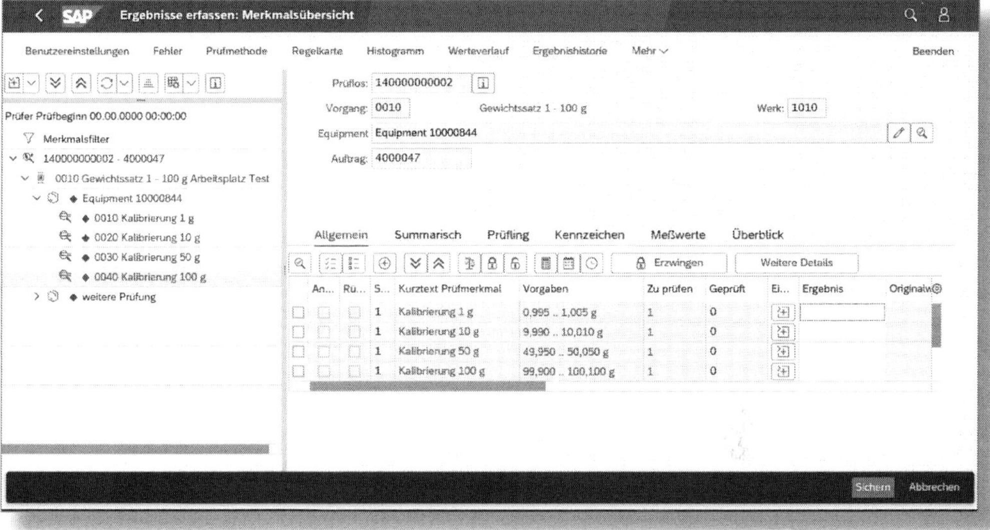

Abbildung 3.167: Merkmalsübersicht zum Prüflos

Sie tragen nun für jedes Merkmal den durch Ihre Prüfung ermittelten Wert ein.

Wenn Ihr System so eingestellt ist, dass es die Bewertung des Merkmals automatisch vollzieht, wird Ihnen dies durch einen Haken im Feld Annahme (AN...) und in der Übersicht auf der linken Seite durch ein grünes Quadrat angezeigt (siehe Abbildung 3.168).

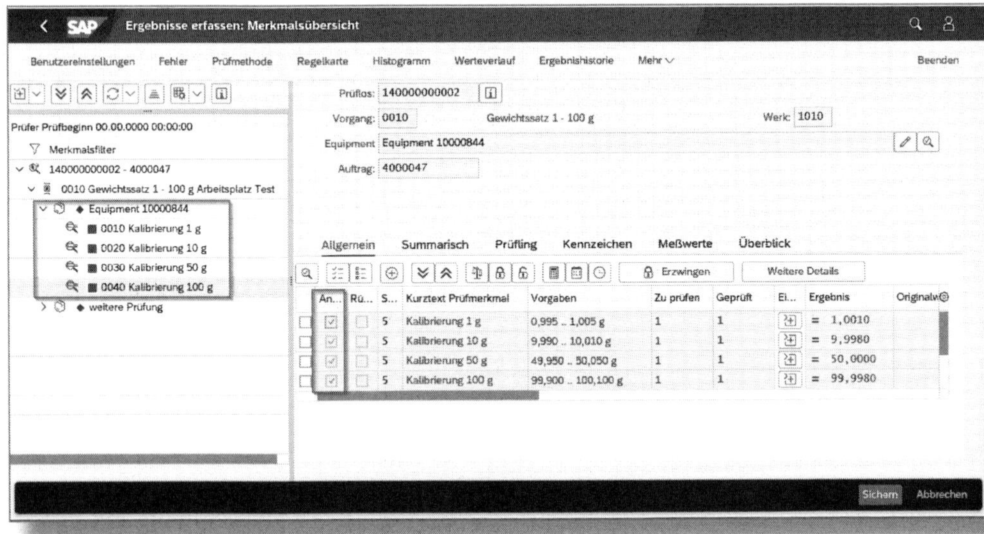

Abbildung 3.168: Merkmalsbewertung – alle Ergebnisse ok

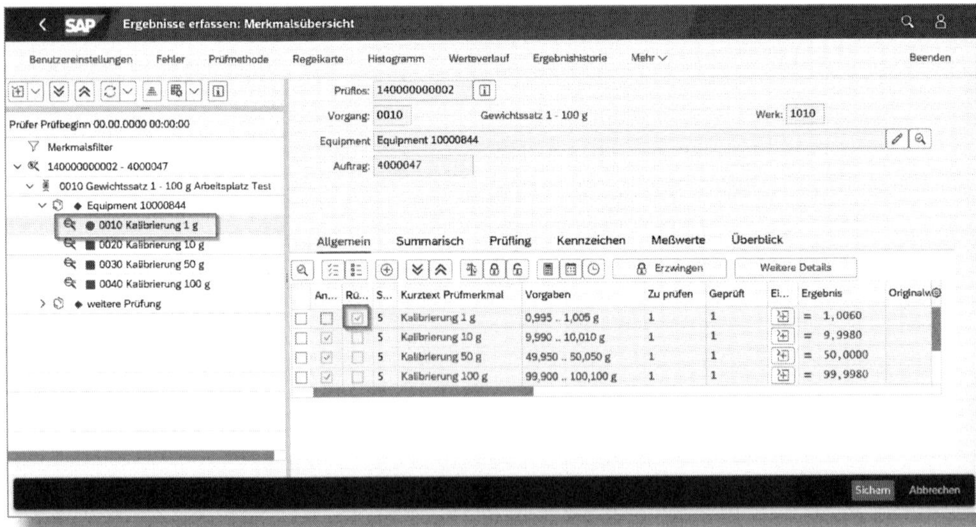

Abbildung 3.169: Merkmalsbewertung – mindestens ein Ergebnis außerhalb der Toleranzgrenze

Falls ein oder mehrere Merkmale außerhalb der Toleranz liegen, befindet sich der Haken im Feld Rückweisung (RÜ...), und das Merkmal bekommt in der Übersicht einen roten Punkt (siehe Abbildung 3.169).

Wenn Sie Ihre Eingaben sichern, müssen Sie den Prüfpunkt nochmals explizit bewerten. Abbildung 3.170 zeigt das entsprechende Pop-up.

Abbildung 3.170: Prüfpunktbewertung

Von hier aus können Sie mit einem Klick auf den Button RÜCKMELDUNG in die Rückmeldung des Kalibrierauftrags springen (siehe Abbildung 3.171) und dort die benötigten Zeiten für die Kalibrierung eintragen.

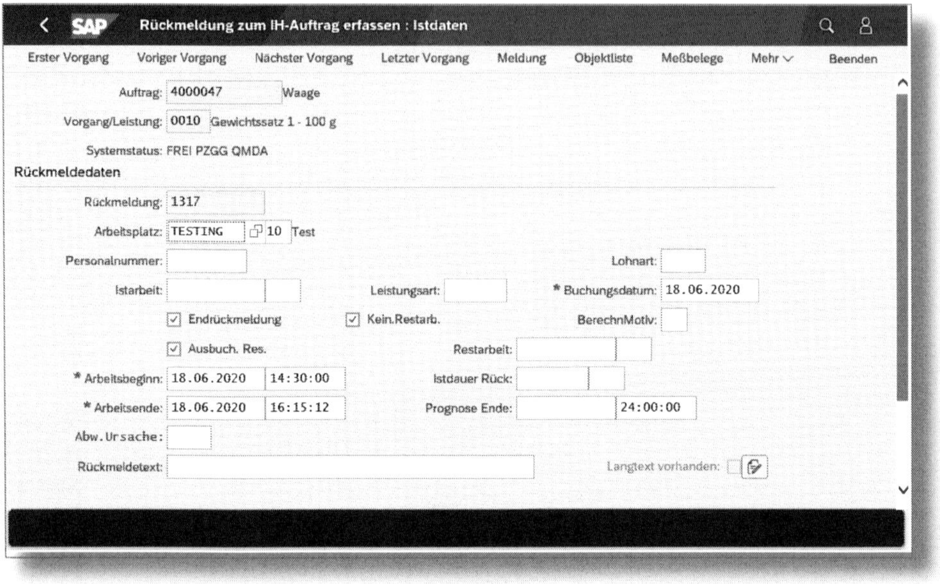

Abbildung 3.171: Rückmeldung zum Kalibrierauftrag

Geben Sie das Datum und die Zeit des Arbeitsbeginns und -endes ein. Setzen Sie auch das Kennzeichen ENDRÜCKMELDUNG, wenn der Auftrag komplett abgeschlossen ist.

Klicken Sie auf den Button **Beenden**, um zurück zum Pop-up (siehe Abbildung 3.170) zu gelangen, und anschließend auf den Button **Weiter**, um in die Ergebniserfassung zurückzukehren.

Sichern Sie Ihre Eingaben. Danach können Sie über die weitere Verwendung des kalibrierten Objekts entscheiden.

3.4.5 Verwendungsentscheid

Wenn eine Qualitätsprüfung abgeschlossen ist, befindet sich das zugeordnete Material oder technische Objekt immer noch in einem Status, der keine weitere Verwendung zulässt. Deshalb müssen Sie einen Komplettabschluss der Prüfung durch den Verwendungsentscheid herbeiführen. Dabei orientieren Sie sich an den Bewertungen der Prüfergebnisse. Sind diese alle akzeptiert und innerhalb der Toleranz, können Sie die Gesamtmenge an Material oder das technische Objekt zur Weiterverarbeitung bzw. Weiterversendung freigeben.

Die Verwendungsentscheide sind codiert, d.h., die jeweiligen Codes für »Annahme« oder »Rückweisen« bzw. mögliche Zwischenstufen sind auf Werksebene angelegt und können somit einfach ausgewertet werden.

Sie können aus der Ergebniserfassung in den Verwendungsentscheid springen, sofern das Berechtigungskonzept dies zulässt. Bei kritischen Teilen kommt oftmals das Vier-Augen-Prinzip zur Anwendung; der Prüfer ist nicht berechtigt, über die finale Nutzung zu entscheiden.

Darf der Prüfer den Verwendungsentscheid erfassen, kann er aus der Ergebniserfassung direkt dorthin abspringen (siehe Abbildung 3.172).

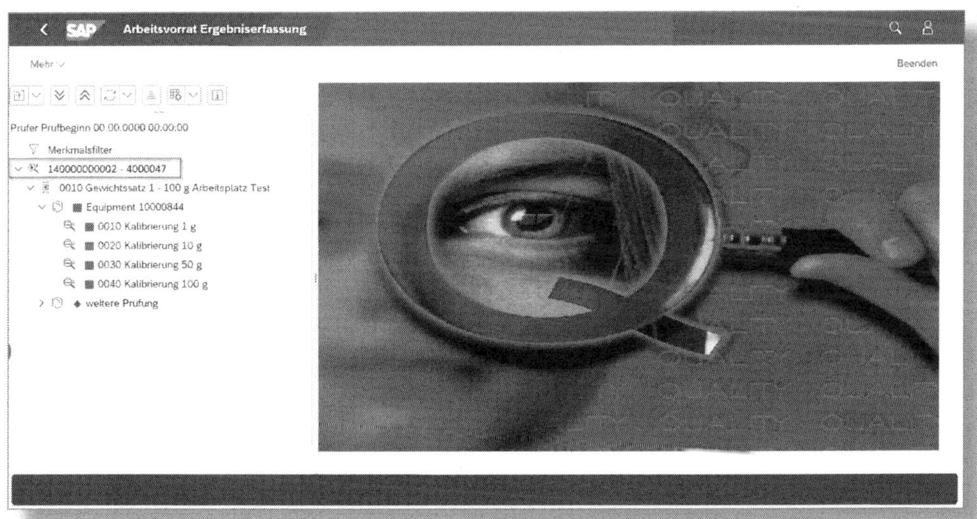

Abbildung 3.172: Absprung zum Verwendungsentscheid aus der Ergebniserfassung

Hierfür können Sie die Prüflosnummer (in Abbildung 3.172 rot umrandet) entweder doppelt anklicken oder mit der rechten Maustaste markieren und im darauf erscheinenden Kontextmenü den Eintrag VERWENDUNGSENTSCHEID wählen.

Soll der Entscheid über die entsprechende App aufgerufen werden, wählen Sie die App »Verwendungsentscheid erfassen« (siehe Abbildung 3.173).

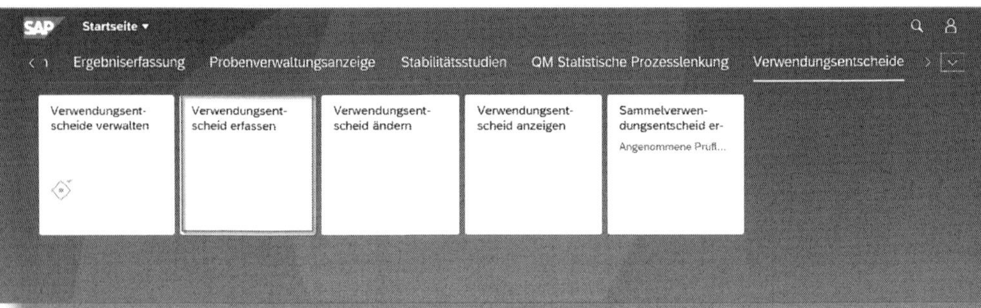

Abbildung 3.173: Verwendungsentscheid erfassen

In diesem Fall müssen Sie ggf. zuerst das korrekte Prüflos suchen (siehe Abbildung 3.174). Den Ablauf dieser Suche habe ich in Abschnitt 3.4.3 bereits beschrieben.

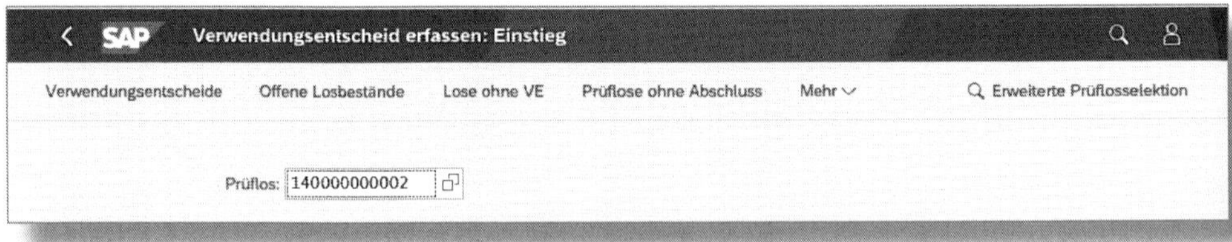

Abbildung 3.174: Prüflos für Verwendungsentscheid suchen

Mit einem Klick auf den Button Weiter kommen Sie in die Sicht zur Erfassung des Verwendungsentscheids (siehe Abbildung 3.175).

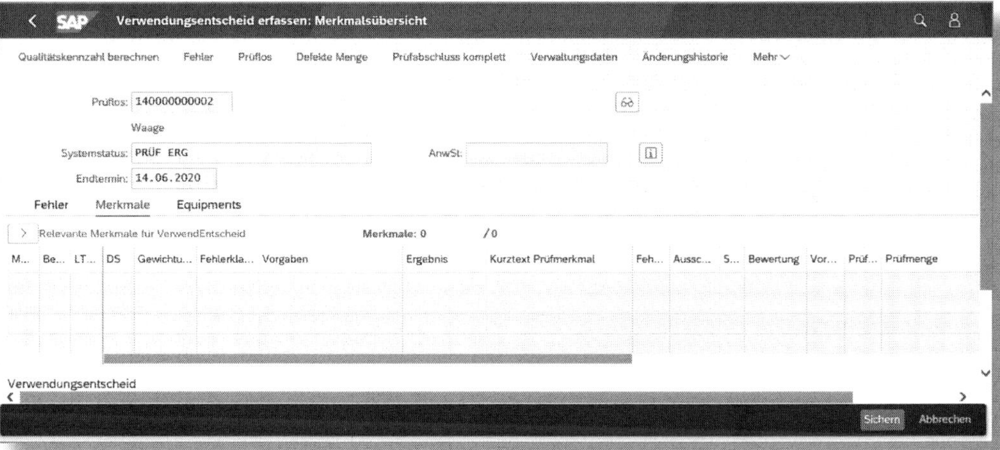

Abbildung 3.175: Verwendungsentscheid erfassen (oberer Ausschnitt)

Sie befinden sich jetzt in der Übersicht aller Merkmale, die bei der Ergebniserfassung rückgewiesen wurden und daher für den Verwendungsentscheid relevant sind (siehe Abbildung 3.176).

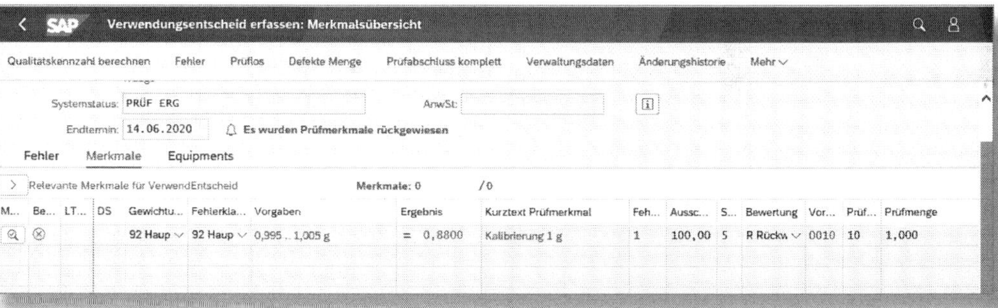

Abbildung 3.176: Verwendungsentscheid mit rückgewiesenen Merkmalen

Eventuelle Qualitätshinweise zu den Rückmeldungen werden im Reiter FEHLER (siehe Abbildung 3.177) angezeigt.

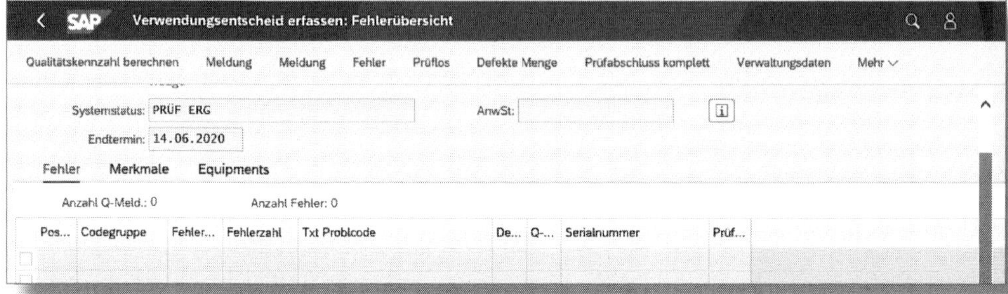

Abbildung 3.177: Erfasste Fehler zum Prüflos

Im Reiter EQUIPMENTS (siehe Abbildung 3.178) werden die Details zur Prüfpunktbewertung ausgegeben.

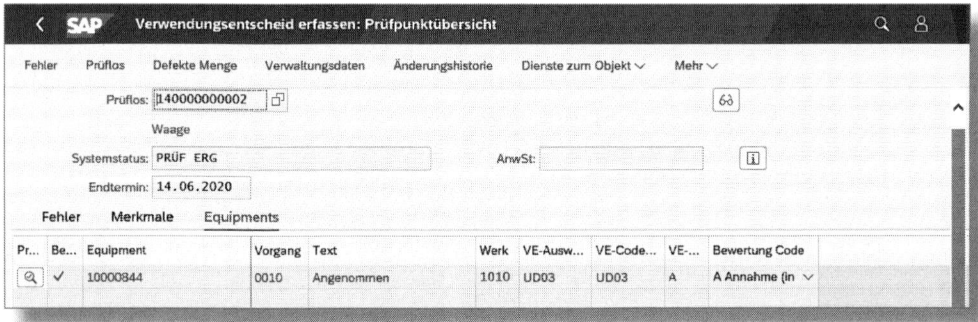

Abbildung 3.178: Prüfpunktbewertung zum Equipment

Wenn Sie zum unteren Teil des Bildschirms scrollen, sehen Sie die Eingabemöglichkeit des Verwendungsentscheid(VE)-Codes (siehe Abbildung 3.179).

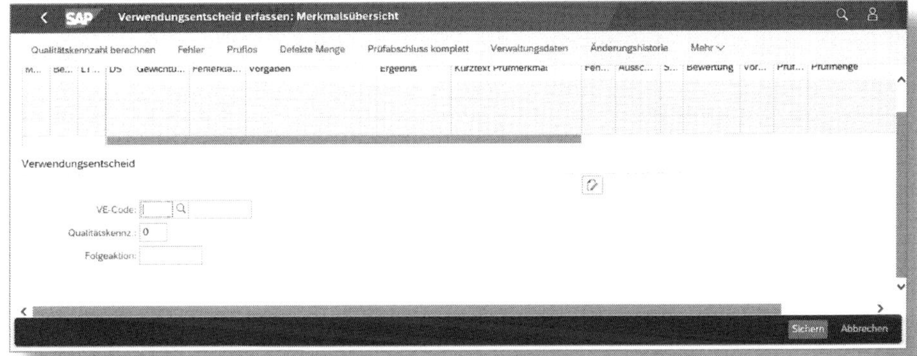

Abbildung 3.179: Verwendungsentscheid erfassen (unterer Ausschnitt)

Suchen Sie über die [F4]-Hilfe (Klick auf 🔍) den entsprechenden Code aus (siehe Abbildung 3.180).

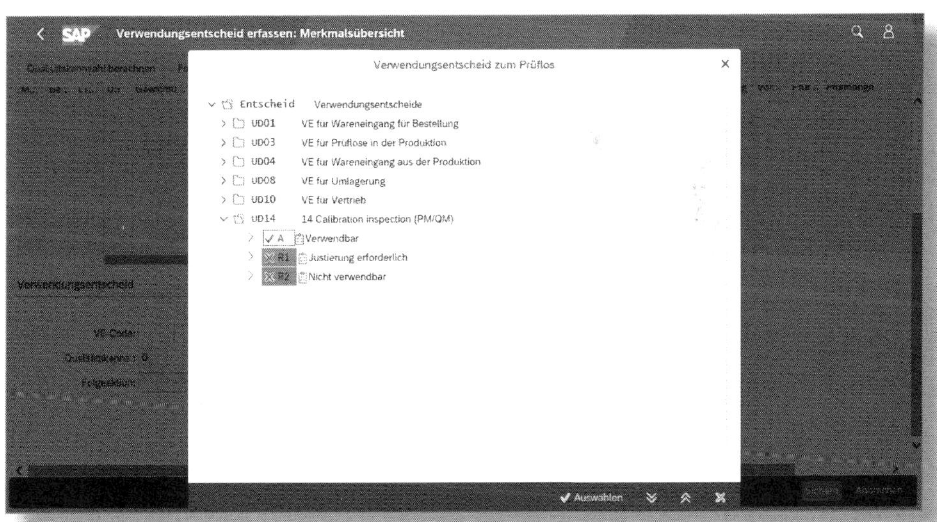

Abbildung 3.180: Verwendungsentscheid-Codes – Auswahl

Wählen Sie den Code aus und übernehmen Sie ihn in die VERWENDUNGSENTSCHEID-Eingabe (siehe Abbildung 3.181).

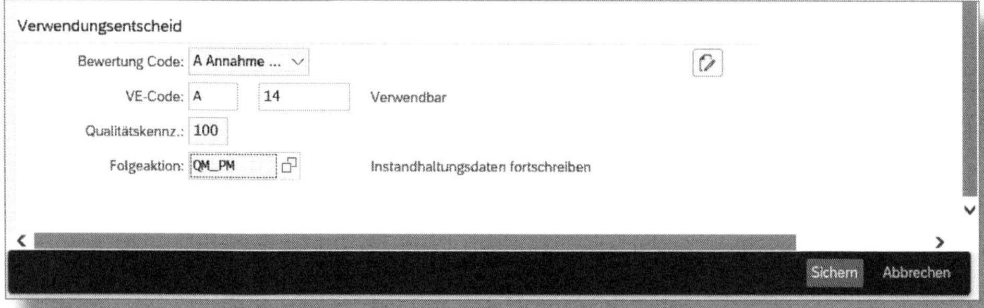

Abbildung 3.181: Verwendungsentscheid mit Folgeaktion

Beim Sichern des Entscheids wird die FOLGEAKTION *QM_PM* ausgeführt; diese muss zuvor im Customizing hinterlegt sein. Dadurch wird je nach Einstellung der Aktion das Equipment wieder für die Nutzung freigegeben (siehe Abbildung 3.182) und der Kalibrierauftrag technisch abgeschlossen (siehe Abbildung 3.183).

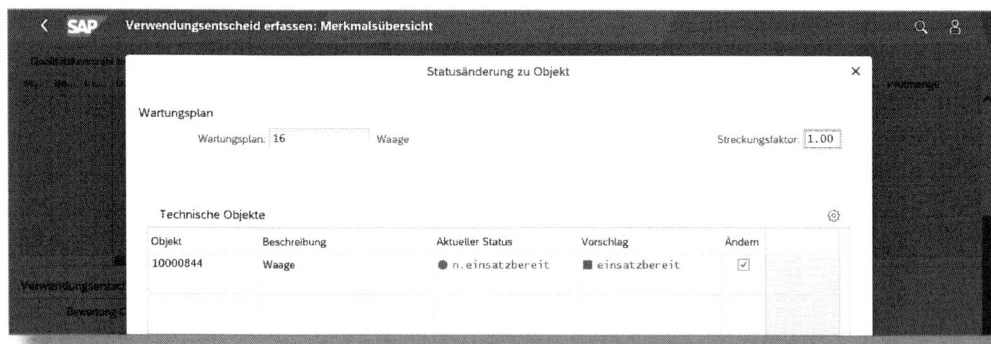

Abbildung 3.182: Vorschlag zur Statusänderung des Equipments

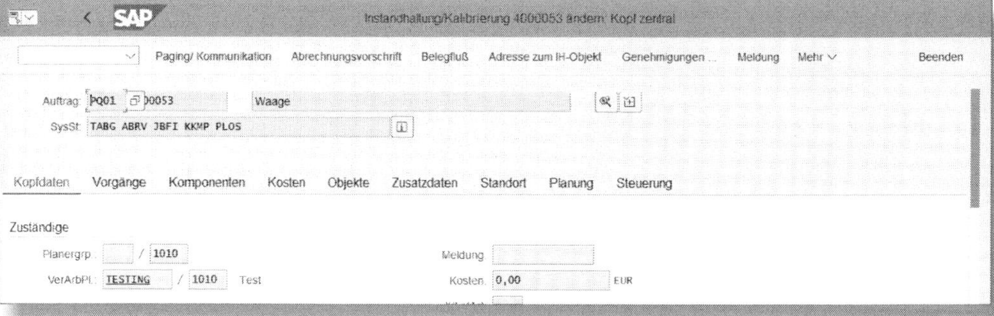

Abbildung 3.183: Auftrag technisch abgeschlossen

Automatischer Verwendungsentscheid

SAP bietet für den Abschluss von Prüflosen, bei denen alle Merkmalsergebnisse akzeptiert und abgeschlossen wurden, das Treffen des Verwendungsentscheids automatisch und im Hintergrund an. Für diese Funktion gibt es zwei Transaktionen:

- *QA10* für alle Prüflose außer Produktionsprüflosen
- *QA40* für Prüflose der Herkunft 03 (Produktion)

Sofern Sie diese Funktion für die Instandhaltung nutzen möchten, müssen Sie die Transaktion *QA40* (Report RQEVAI50) kopieren und an die Bedürfnisse Ihrer Firma anpassen. Im Standard wird die Prüflosherkunft »14 – Instandhaltung« leider nicht unterstützt.

3.4.6 Mehrere Equipments in einem Wartungsplan

Es besteht die Möglichkeit, mit einem Wartungsplan mehrere technische Objekte gleichzeitig zu kalibrieren. Dazu müssen diese in der OBJEKTLISTE angelegt sein (siehe Abbildung 3.184).

Objektliste

Sie können die Objektliste nicht nur bei der Kalibrierung, sondern bei jedem Wartungsauftrag nutzen. Einer Objektliste können Sie folgende Objekte zuordnen:

- Technische Plätze
- Equipments
- Material mit oder ohne Serialnummern
- Baugruppen
- Meldungen

Die Kosten für eine Wartung werden im Standard nur auf das Leitobjekt im Auftragskopf fortgeschrieben.

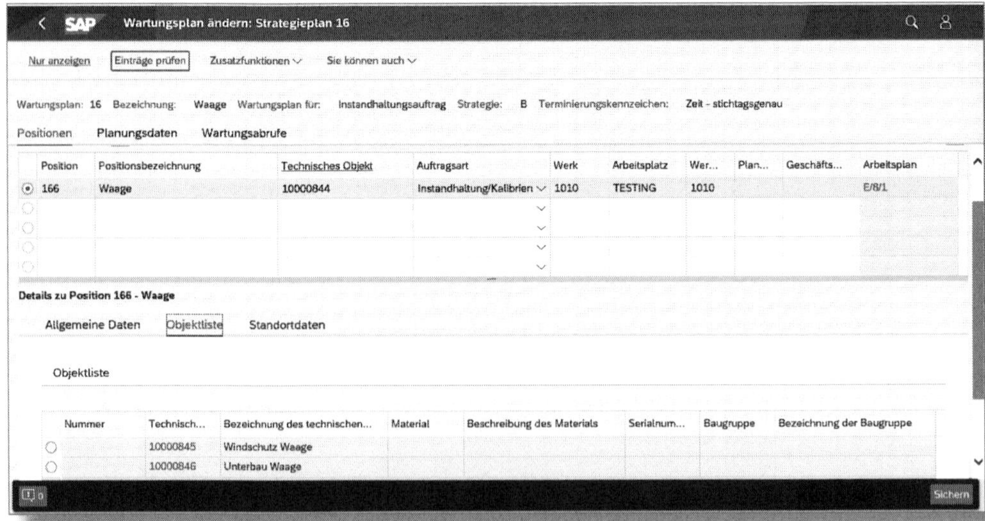

Abbildung 3.184: Objektliste zum Wartungsplan

Bei der Terminierung eines Wartungsplans zur Kalibrierung, dem über eine Objektliste mehrere zu kalibrierende Objekte zugeordnet sind, wird ein Instandhaltungsauftrag angelegt; dieser enthält als Leitobjekt das zu kalibrierende Objekt, in unserem Fall die *Waage 10000844* (siehe Abbildung 3.185).

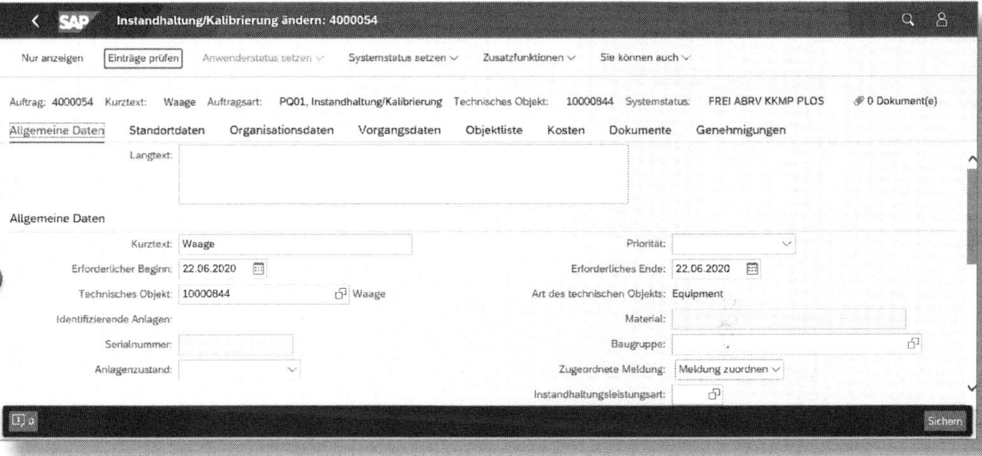

Abbildung 3.185: Kalibrierauftrag zum technischen Objekt »Waage«

In der OBJEKTLISTE erscheinen die dem Wartungsplan zugeordneten Objekte (siehe Abbildung 3.186).

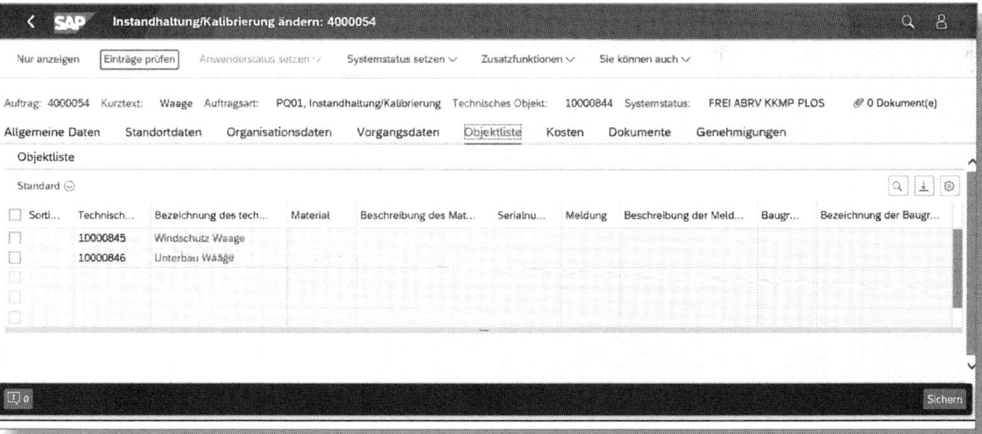

Abbildung 3.186: Objektliste zum Kalibrierauftrag

Für diese Kalibrierung wird genau ein Prüflos angelegt, wobei für jedes der Objekte im Kalibrierauftrag, d. h. sowohl für das Leitobjekt als auch für die Objekte aus der Objektliste, ein Prüfpunkt erstellt wird (siehe Abbildung 3.187).

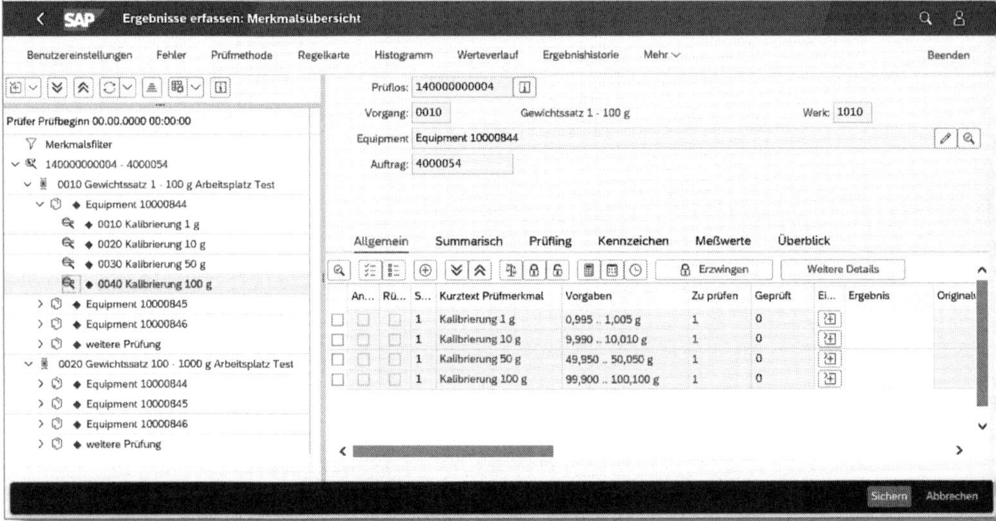

Abbildung 3.187: Ergebniserfassung mit zugeordneten Objekten

Dabei ist ein Equipment ein Prüfpunkt, in dem beide Vorgänge aus dem Prüfplan (siehe Abbildung 3.133) behandelt werden.

Die weitere Bearbeitung des Prüfloses und den Abschluss durch den Verwendungsentscheid habe ich bereits in den Abschnitten 3.4.3 und 3.4.5 beschrieben.

3.5 Fremdbearbeitung

Fremdvergabe bedeutet, dass für anfallende Instandhaltungsarbeiten externe Firmen eingesetzt werden.

Der Fremdvergabe kommt in der Instandhaltung eine enorme Bedeutung zu. Sehr viele Instandhaltungsarbeiten lassen sich nicht mit eigenen Mitteln durchführen und werden deshalb an Fremdfirmen vergeben. So werden deutlich mehr Instandhaltungsaufträge an Dritte vergeben als z. B. Lohnproduktionen.

Einige Firmen unterhalten keine eigenen Instandhaltungsabteilungen mehr, sondern koordinieren diese Tätigkeiten nur noch. Dies bedeutet, dass im eigenen Haus Wartungen oder Instandhaltungen nur noch geplant sowie deren Durchführung überwacht und die Fremdleistungen abgenommen werden.

Gründe für Fremdvergabe können u. a. sein:

- fehlende Qualifikation im eigenen Haus
- fehlende Kapazitäten
- Kosten

Auslösen der Fremdvergabe im Auftrag

Eine Bearbeitung durch Drittanbieter lösen Sie durch entsprechende Steuerschlüssel aus. Grundsätzlich bin ich darauf bereits in Abschnitt 3.3.2 (Auftragsbearbeitung und Rückmeldung) eingegangen.

Sie können fremdbearbeitete Aufträge genau wie eigenbearbeitete behandeln. Dabei legen Sie für jeden externen Partner einen Arbeitsplatz an und ordnen dem Vorgang den bereits beschriebenen Steuerschlüssel PM01 (siehe Abbildung 3.107) zu. Die Bearbeitung dieses Auftrags erfolgt analog zu den vorher beschriebenen; der einzige Unterschied ist, dass die tatsächlich durchgeführten Arbeiten extern erledigt wurden.

Steuerschlüssel

Die in diesem Zusammenhang erwähnten Steuerschlüssel PM01, PM02 und PM03 gehören zu den SAP-Standardeinstellungen. Legen Sie sich bei Bedarf eigene Steuerschlüssel im Customizing an.

Möchten Sie die Fremdleistung über das System bestellen, ordnen Sie dem Vorgang den Steuerschlüssel PM02 (siehe Abbildung 3.108) zu.

Dadurch wird, sofern Sie eine Fremdleistung planen, im Hintergrund eine Bestellanforderung angelegt, die dann in eine Bestellung umgewandelt wird. Daraufhin führt die beauftragte Fremdfirma die Wartung oder Instandhaltung durch, die nach Abschluss von Ihnen erfasst werden muss. In den vorher beschriebenen Abläufen der internen Wartung oder Kalibrierung erfolgt das über die Rückmeldung der benötigten Zeit im Auftrag. Fremdleistungen werden dagegen als *Wareneingang zur Bestellung* gebucht. Die dazugehörigen Kosten werden zu diesem Zeitpunkt in den Auftrag gebucht.

Sofern eine Korrektur der geplanten Kosten notwendig wird – dies ist beim Rechnungseingang zu erkennen –, erfolgt mit der Buchung der Rechnung automatisch die Korrektur der Nettokosten zum Auftrag.

Anlage eines Instandhaltungsauftrags zur Fremdbearbeitung

Erstellen Sie über die Fiori-App »Instandhaltungsauftrag anlegen« manuell einen Instandhaltungsauftrag (siehe Abbildung 3.188). Alternativ können Sie das auch über eine automatische Terminierung erledigen. Diesen Vorgang habe ich in Abschnitt 3.1.6 beschrieben.

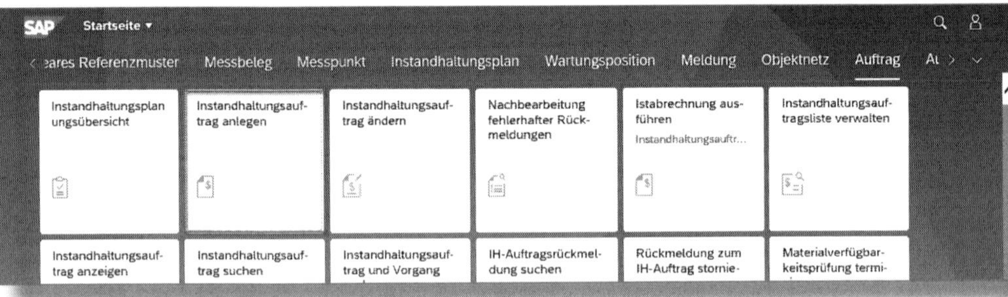

Abbildung 3.188: Fiori-App »Instandhaltungsauftrag anlegen«

Ergänzen Sie im Einstiegsbild die notwendigen Angaben (siehe Abbildung 3.189).

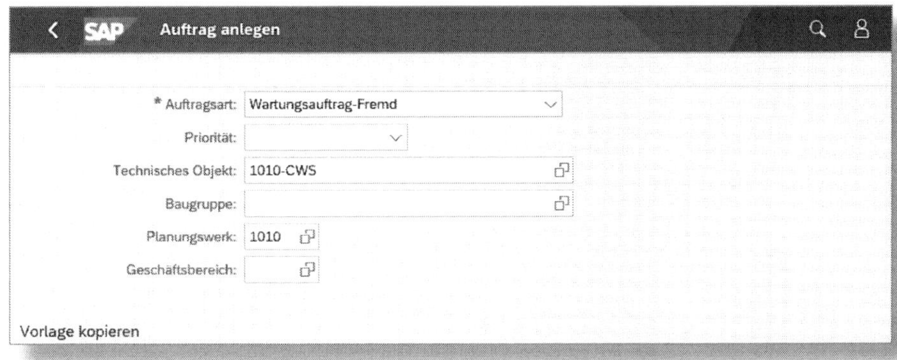

Abbildung 3.189: Instandhaltungsauftrag anlegen – Einstieg

In der Sicht ALLGEMEINE DATEN können Sie den ARBEITSPLAN zuordnen (siehe Abbildung 3.190). Dies ist nicht unbedingt notwendig – falls kein Arbeitsplan angelegt ist, werden die erforderlichen Daten manuell im Auftrag eingegeben.

Abbildung 3.190: Allgemeine Daten zum externen Auftrag

Anschließend drücken Sie den Button **Arbeitsplan zuordnen**.

Geben Sie im nachfolgenden Pop-up (siehe Abbildung 3.191) den PLANTYP ein. In unserem Falle ist das der *Arbeitsplan zum technischen Objekt*, die zweite Möglichkeit wäre die *Instandhaltungsanleitung*. Das TECHNISCHE OBJEKT sollte aus dem Auftrag übernommen werden. Klicken Sie dann auf OK.

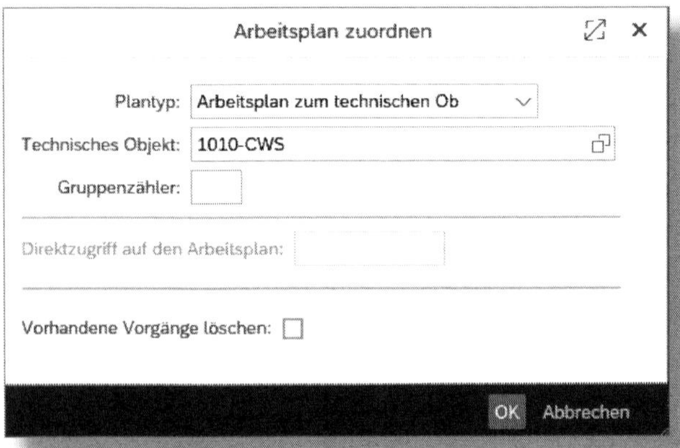

Abbildung 3.191: Arbeitsplan zum technischen Objekt zuordnen

In die VORGANGSDATEN zum Auftrag (siehe Abbildung 3.192) werden alle Daten aus dem Instandhaltungsplan übernommen. Dazu zählen auch die Kosten, die Kostenart sowie die Einkäufergruppe und die Materialgruppe. Diese Informationen werden benötigt, um eine Bestellanforderung zu erzeugen.

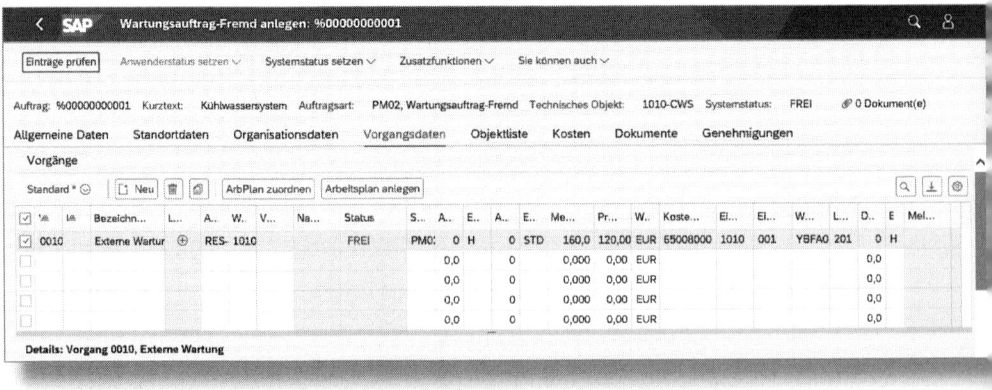

Wartungsauftrag-Fremd anlegen: %00000000001

Einträge prüfen | Anwenderstatus setzen | Systemstatus setzen | Zusatzfunktionen | Sie können auch

Auftrag: %00000000001 Kurztext: Kühlwassersystem Auftragsart: PM02, Wartungsauftrag-Fremd Technisches Objekt: 1010-CWS Systemstatus: FREI 0 Dokument(e)

Allgemeine Daten | Standortdaten | Organisationsdaten | Vorgangsdaten | Objektliste | Kosten | Dokumente | Genehmigungen

Vorgänge

Standard * | Neu | ArbPlan zuordnen | Arbeitsplan anlegen

☑			Bezeichn...	L...	A..	W..	V...	Na...	Status	S...	A..	E..	A..	E..	Me...	Pr...	W..	Koste...	Ei...	Ei...	W...	L...	D..	E	Mel...
☑	0010		Externe Wartur	⊕	RES-	1010			FREI	PMO:	0	H	0	STD	160,0	120,00	EUR	65008000	1010	001	YBFA0	201	0	H	
☐											0,0		0		0,000	0,00	EUR						0,0		
☐											0,0		0		0,000	0,00	EUR						0,0		
☐											0,0		0		0,000	0,00	EUR						0,0		
☐											0,0		0		0,000	0,00	EUR						0,0		

Details: Vorgang 0010, Externe Wartung

Abbildung 3.192: Vorgangsdaten zum externen Auftrag

Zum Abschluss sichern Sie den Auftrag und geben diesen frei.

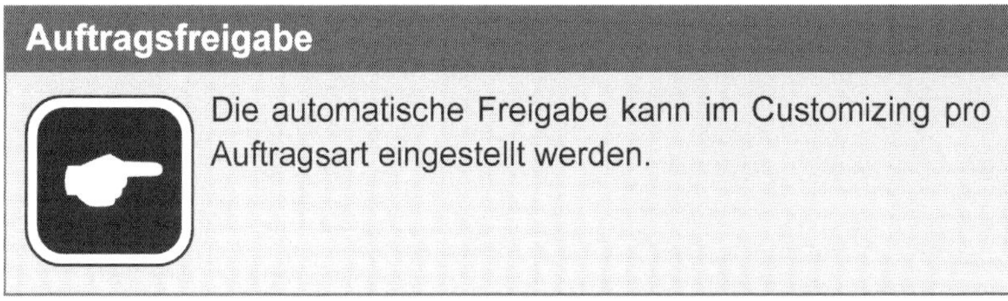

Auftragsfreigabe

Die automatische Freigabe kann im Customizing pro Auftragsart eingestellt werden.

Eine Bestellanforderung ist nun erzeugt. Sie können diese einsehen, wenn Sie sich im Auftrag den BELEGFLUSS ANZEIGEN lassen (siehe Abbildung 3.193).

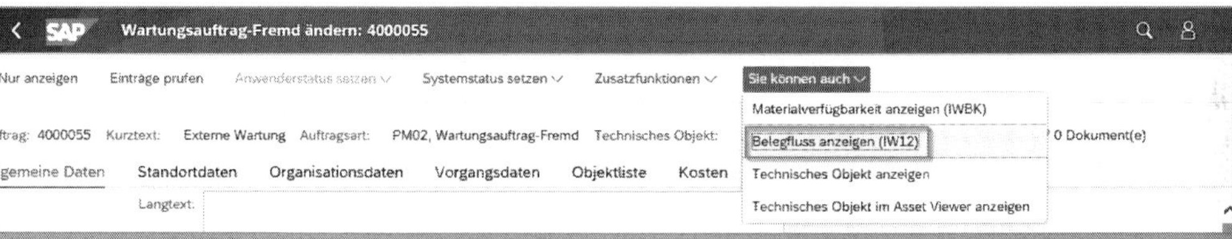

Abbildung 3.193: Belegfluss zum Auftrag

In dem Belegfluss (siehe Abbildung 3.194) können Sie erkennen, dass die BESTELLANFORDERUNG 10026303 (siehe Abbildung 3.195) und die MELDUNG 10000053 (siehe Abbildung 3.196) im Hintergrund angelegt wurden.

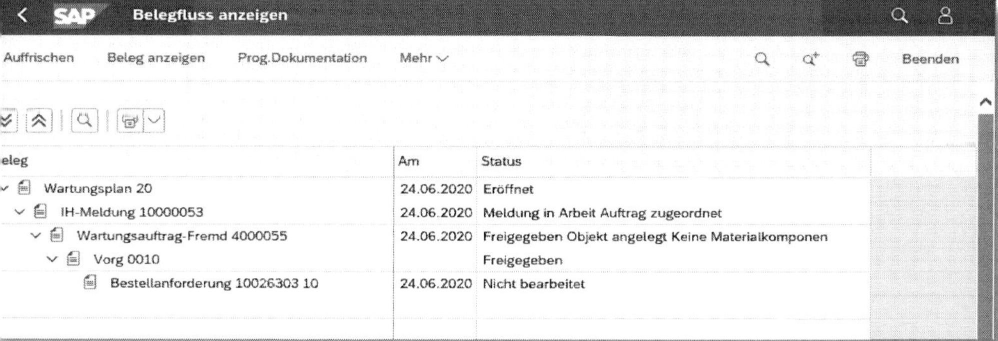

Abbildung 3.194: Belege zum Auftrag

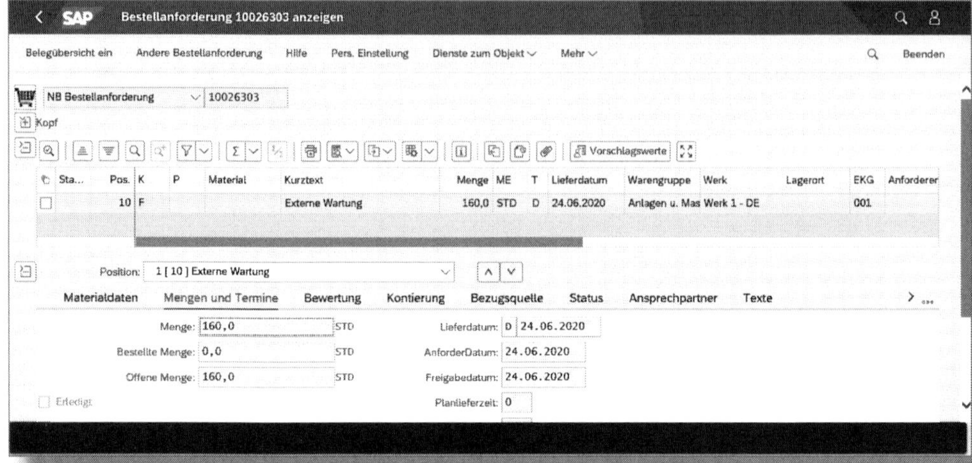

Abbildung 3.195: Bestellanforderung zum IH-Auftrag

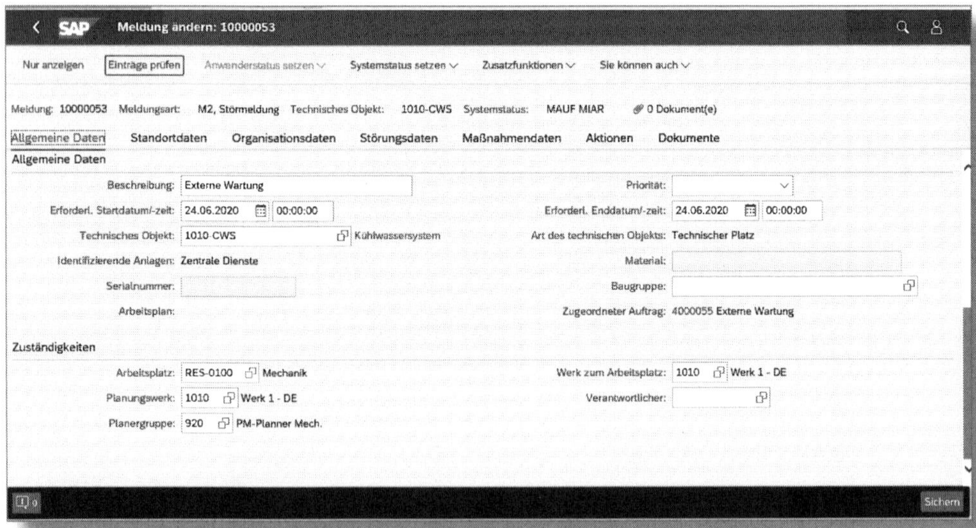

Abbildung 3.196: Meldung zum externen Wartungsauftrag

Die Bestellanforderung wird anschließend vom Einkauf oder der technischen Abteilung in eine Bestellung umgewandelt. Dabei handelt es sich um einen Prozess der Materialwirtschaft, der im Rahmen der Instandhaltung nicht weiter behandelt werden soll.

Die Meldung wird automatisch angelegt und dient nur dazu, eventuell durchzuführende Maßnahmen oder durchgeführte Aktionen zu dokumentieren. Sobald der Auftrag rückgemeldet und abgeschlossen ist, wird diese Meldung ebenfalls geschlossen.

Meldungsart

Sie können sowohl die Meldungsart als auch den Inhalt der von Ihnen konfigurierten Meldung im Customizing anpassen.

In diesem Kapitel haben Sie gesehen, wie unterschiedlich ein Instandhaltungsauftrag eingestellt werden kann, um verschiedene Geschäftsprozesse abzubilden. Dazu musste ich auch ein paar einfache Ausflüge in das Customizing machen, um aufzuzeigen, welche Möglichkeiten SAP bietet, Ihre eigenen Instandhaltungsprozesse abzubilden. Ganz gleich, ob Sie die Wartungen, Instandhaltungen oder Kalibrierungen von Mess- und Prüfmitteln im eigenen Haus durchführen oder an Fremdfirmen vergeben: Sie haben die Möglichkeit, alle Prozesse im eigenen Haus zu planen und somit die Kontrolle über die Instandhaltung Ihrer Maschinen zu behalten.

Im folgenden Kapitel beschreibe ich, wie das Modul »SAP EAM« mit den anderen Modulen verzahnt ist und so eine tiefe Integration schafft.

4 Integration in andere Module

In diesem Kapitel erfahren Sie, wie das Modul »Instandhaltung« in SAP mit anderen Modulen zusammenarbeitet. Ich beschränke mich dabei auf ausgewählte Fakten, die sich für mich als wichtig erwiesen haben.

Die Instandhaltung ist eine Serviceabteilung. Daher ist eine enge Abstimmung mit anderen Abteilungen notwendig, gleichzeitig aber muss die Option eines ständigen Austauschs mit externen Systemen, die möglicherweise von anderen Geschäftsbereichen oder externen Geschäftspartnern eingesetzt werden, gewährleistet sein. Zwischen SAP EAM und den externen Tools sollte deshalb je nach Anforderung eine bidirektionale Schnittstelle Informationen an diese Tools und auch wieder zurück an SAP EAM liefern. Wenn die Informationsweitergabe nur in eine Richtung erforderlich ist, ist diese Schnittstelle natürlich so zu konfigurieren, dass keine Rückinformationen erwartet werden. Aufgrund der Vielfalt externer Systeme gehe ich im Rahmen dieses Buches nicht näher auf deren Integration ein.

4.1 Integration innerhalb SAP S/4HANA

Die Instandhaltung in SAP ist tief in die meisten SAP-Module integriert (siehe Abbildung 4.1), aufgrund dessen ist bei der Einführung der Instandhaltung eine genaue Abstimmung mit den beteiligten Modulen von großer Bedeutung.

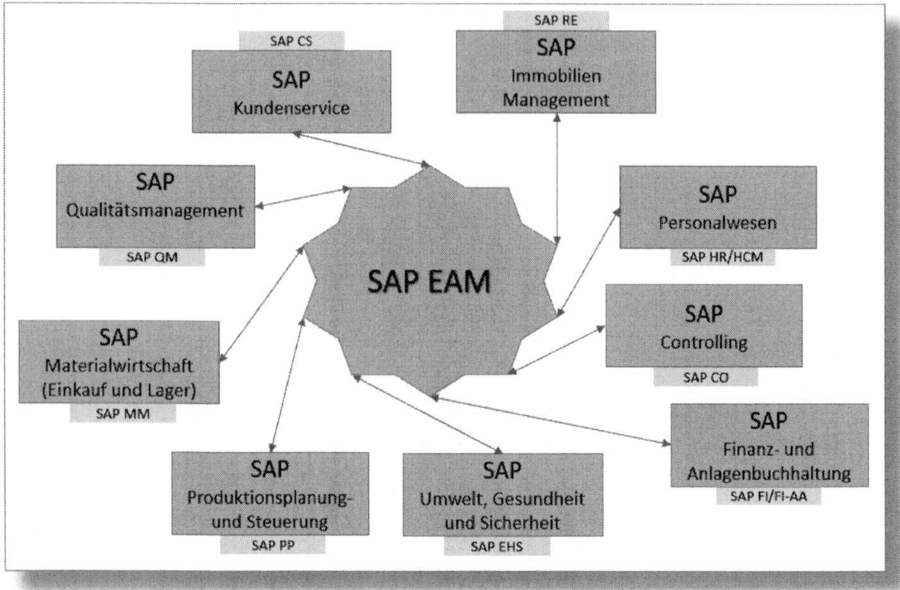

Abbildung 4.1: Integration von SAP EAM innerhalb SAP S/4HANA

4.2 Integration in die Materialwirtschaft

In den vorangegangenen Kapiteln habe ich bereits einige Punkte beschrieben, in denen sich die Instandhaltung der Funktionen des Moduls *MM* bedient.

In Abschnitt 3.5 wurde erklärt, wie aus einem Instandhaltungsauftrag eine Bestellanforderung und daraus wiederum eine Bestellung benötigter Ersatzteile oder Fremdleistungen angestoßen werden kann. Dies geschieht nur, wenn die Komponente ein »Nichtlagermaterial« ist. Handelt es sich dagegen um ein Lagermaterial, erfolgt eine Reservierung innerhalb des Systems. Falls eine Fremdleistung gefordert wird, muss ein entsprechender Steuerschlüssel (PM02) verwendet werden.

Verfügbarkeitsprüfung

Einer der wesentlichen Vorteile eines integrierten Systems in SAP S/4HANA liegt in der dynamischen Verfügbarkeitsprüfung, die zum Zeitpunkt des Entstehens des Bedarfs aus den Bereichen Produktion, Vertrieb, Lager etc. Informationen über geplante Zu- und Abgänge für das zu disponierende Material erhält. Dadurch ist eine Planung sehr viel effektiver zu handhaben.

Es ist auch möglich, eigene Materialstammsätze zur Verwendung in SAP EAM anzulegen und auf diese Weise z. B. die Verwaltung von Ersatzteilen (Materialart ERSA) komplett durch die Instandhaltung erledigen zu lassen. Damit ist diese Abteilung für die Materialstammpflege verantwortlich und kann unterschiedliche Bildsteuerungen oder Feldauswahlen anlegen. In diesem Fall wird für die Materialart ERSA eine eigene Berechtigung vergeben, und Sie können spezielle Bestands- und Verbrauchskonten ansteuern bzw. eine eigene Fortschreibung von Mengen und Werten definieren.

Diese Materialien lassen sich dann wie andere Materialarten, die einkaufsrelevant sind, planen und disponieren.

4.3 Integration in die Produktion

Des Weiteren haben Sie die Möglichkeit, im Produktionsauftrag (oder Prozessauftrag) einen Instandhaltungsarbeitsplatz eintragen, der bestimmte Vorgänge ausführen kann. Dabei handelt es sich jedoch nur um einen Querverweis vom Modul *Produktionsplanung (PP)* zur Instandhaltung. Kapazitätsplanungen werden dadurch nicht vorgenommen.

Darüber hinaus können Sie sich Instandhaltungsaufträge in der *PP-Plantafel* anzeigen lassen. Hierfür müssen Sie das technische Objekt (Equipment, technischer Platz) einem Arbeitsplatz zuordnen und im Auftrag einen Anlagenzustand wählen, der relevant für die IH-Belegung ist (siehe Abbildung 4.2).

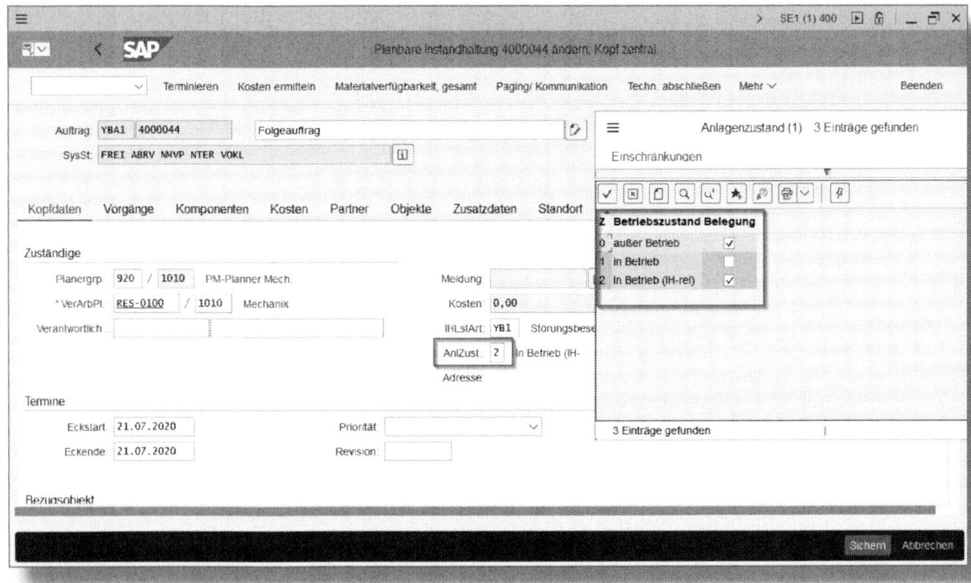

Abbildung 4.2: Anlagenzustand – IH-relevant

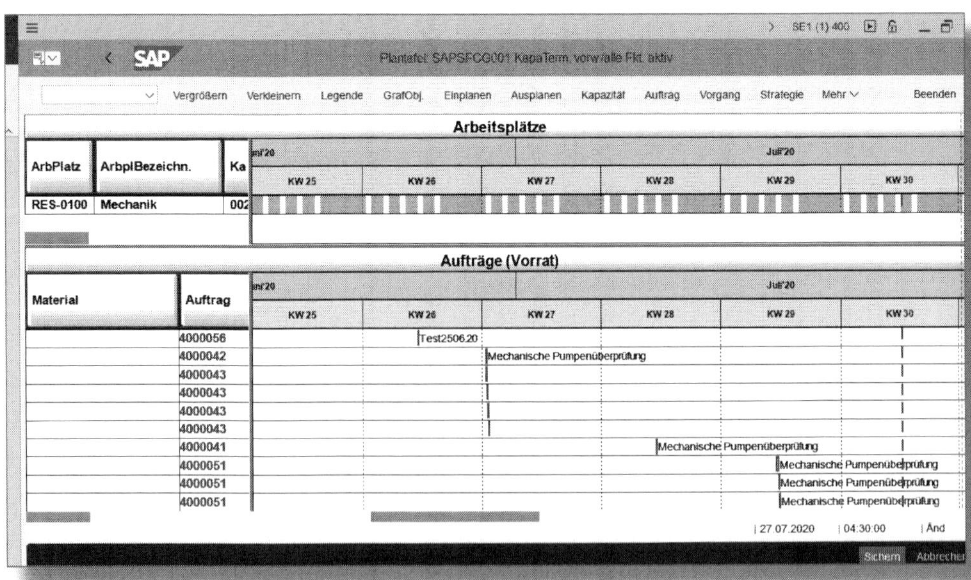

Abbildung 4.3: Plantafel

In der Plantafel (siehe Abbildung 4.3) ist dann zu erkennen, für welchen Produktionsauftrag eine Instandhaltungsmaßnahme geplant ist. Diese Maßnahme kann nicht über die Plantafel verändert werden, blockiert aber auch nicht die Durchführung des Produktionsauftrags. An dieser Stelle ist eine manuelle Kommunikation erforderlich.

4.4 Integration in das Qualitätsmanagement

Im Qualitätsmanagement existieren mehrere Integrationspunkte, insbesondere im Bereich *Prüfmittelmanagement*. Ausführliche Hinweise dazu habe ich in Abschnitt 3.4 dargelegt.

Hier noch einmal zusammenfassend die Integrationspunkte:

- Die Prüfmittel, die Sie im Bereich Qualitätsmanagement einsetzen, können Sie als Equipmentstammsatz anlegen und verwalten.
- Die Prüfungen, die an diesen Prüf- und Messmitteln durchzuführen sind, werden als Prüfvorgänge in einem Instandhaltungsarbeitsplan erfasst – entweder als übergreifende Anleitung oder als Plan zum Equipment/technischen Platz.
- Die Steuerung der Prüftermine übernimmt für Sie ein Wartungsplan zum technischen Objekt.
- Dieser Wartungsplan erzeugt zur Durchführung der Prüfung/Kalibrierung sowohl einen Kalibrierauftrag als auch ein QM-Prüflos, die eindeutig einander zugeordnet sind.
- Im Rahmen der Prüflosabwicklung sorgen die Ergebniserfassung und der Verwendungsentscheid mit einer Folgeaktion dafür, dass auf dem Equipment der richtige Status gesetzt wird (gesperrt, einsatzbereit).

4.5 Integration in den Kundenservice

Das Modul *Customer Service (CS)* ist dem Modul EAM sehr ähnlich und nutzt die gleichen Objekte, allerdings ergänzt um kundenbezogene Prozesse. Das wird in Abbildung 4.4 ersichtlich.

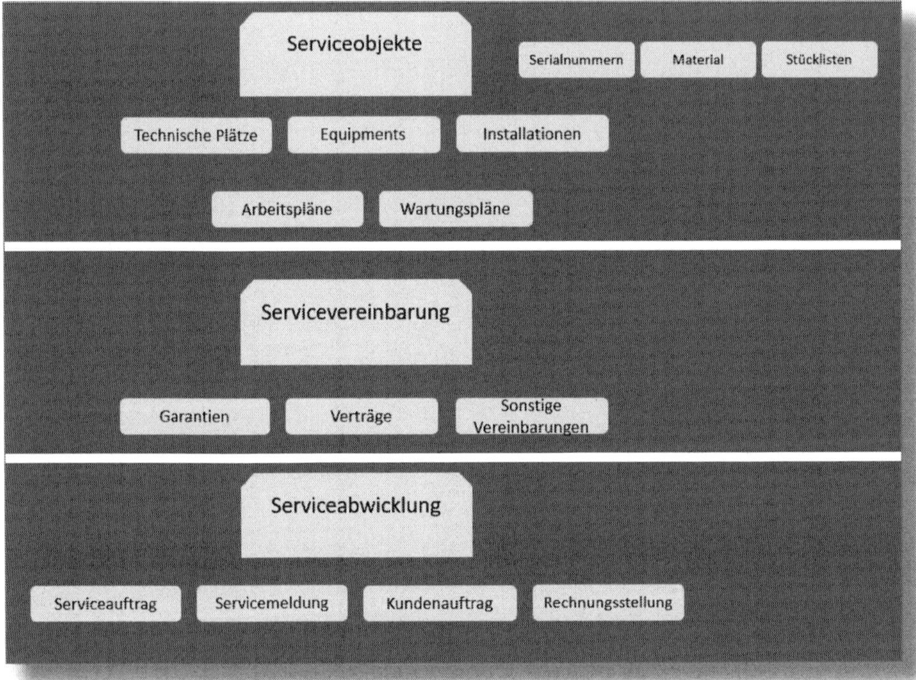

Abbildung 4.4: Objekte einer Abwicklung im Kundenservice

Alle Serviceobjekte werden, wie in der Instandhaltung, als technische Objekte (technischer Platz, Equipment etc.) gepflegt.

Über das Equipment können Daten zur Garantie hinterlegt werden (siehe Abbildung 4.5). Dabei wird zwischen der Garantie an den Kunden (Bereich KUNDENGARANTIE) und der Garantie, die unser Lieferant gewährt (Bereich LIEFERANTEN-/HERSTELLERGARANTIE), unterschieden.

Garantien können vom nächsthöheren Objekt in der Hierarchie vererbt (übernommen) werden.

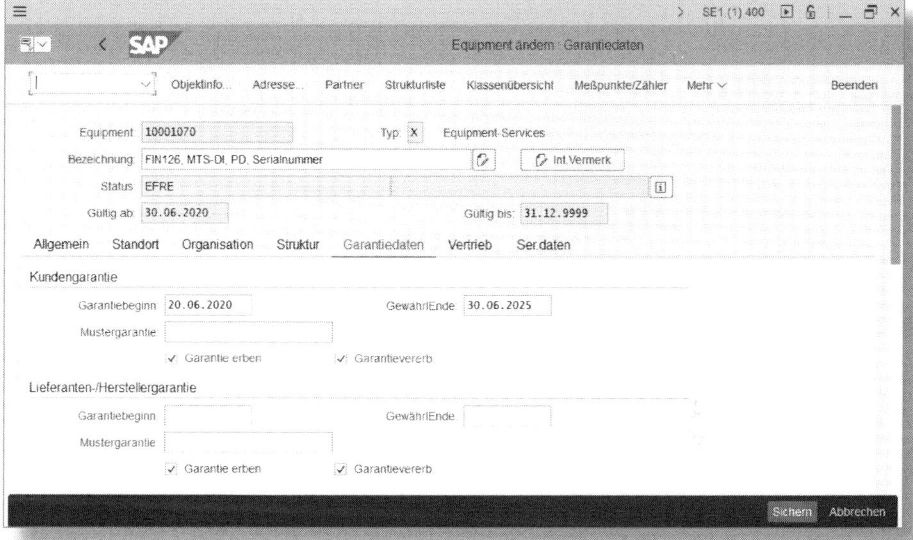

Abbildung 4.5: Garantieeinstellungen über Equipment

Der gesamte Kundendienst (Instandhaltung der Kundenobjekte) erfolgt in diesem Fall über die Wartungsplanung (siehe Abschnitt 3.1.1).

Reklamationen oder Abweichungen werden in *Kundenservice-Meldungen* erfasst, abgearbeitet und überwacht. Die Meldungsart unterscheidet sich dabei von den in der Instandhaltung benutzten Meldungsarten. Aus diesem Grund können die Inhalte und Kataloge voneinander abweichen.

Kundenservice

Bevor Sie das Modul »Kundenservice« einführen, überlegen Sie, wie ausgeprägt dieses in Ihrer Firma benötigt wird. Wenn es nur in geringem Umfang eingesetzt werden soll, ist zu überlegen, ob diese Funktionen nicht auch über die reguläre Instandhaltung eingesetzt werden können.

4.6 Integration mit EH&S

Die Integration des SAP-Moduls *Environment, Health and Safety (EH&S)* in EAM wird eher selten genutzt. Nach entsprechender Einstellung im Customizing können Sie damit die EH&S-Hilfsmittel in Ihre Instandhaltungsarbeiten (IH-Auftrag) integrieren. Hierfür erstellen Sie eine Liste der Sicherheitsmittel sowie einen Sicherheitsplan. Sicherheitsmittel können Dokumente, Fertigungshilfsmittel oder ähnliche Objekte sein, die Arbeitsplänen oder Instandhaltungsaufträgen zugeordnet werden. Somit stehen notwendige Sicherheitsinformationen bereits während der Planung einer Wartung/Instandhaltung zur Verfügung.

Im Modul SAP EH&S werden die folgenden Themen aus den Bereichen Umweltschutz, Gesundheit und Sicherheit bearbeitet:

- *Gefahrstoffmanagement* – Gefahrstoffe haben Kennzeichnungen, die das Gefährdungspotenzial eines Stoffes beim Umgang, bei der Verarbeitung und Lagerung angeben.
- *Gefahrgutabwicklung* – Eine Gefahrgutkennzeichnung informiert über den Stoff und dessen Gefährdungspotenzial beim Transport über Straße/Bahn, in der Luft oder auf dem Seeweg (Meer oder Fluss).
- *Produktsicherheit* – Die Produktsicherheit spielt vor allem in Betrieben eine Rolle, in denen Gefahrstoffe hergestellt werden. Mit SAP-Produktsicherheit erstellen Sie Sicherheitsdatenblätter und Etiketten.
- *Abfallmanagement* – Das Abfallmanagement regelt den Umgang mit Abfällen aller Art in Unternehmen. Es plant Abholungen durch Spezialfirmen, ermöglicht das elektronische Nachweisverfahren und erfasst Kosten in Berichtsform.
- *Arbeitsmedizin* – Hier werden Vorsorgeuntersuchungen geplant und arbeitsmedizinische Fragebögen erstellt. Alle Methoden und Planungen des firmeninternen Gesundheitsmanagements werden erfasst.

- *Arbeitsschutz und Arbeitssicherheit* – Hier werden alle Maßnahmen und Methoden des Arbeitsschutzes abgebildet. Dazu gehört u. a. die Erfassung von Arbeitsunfällen mit einer Dokumentation des Schadenshergangs sowie der entstandenen (historischen) Schäden und Kosten.

4.7 Integration in das Personalwesen

Eine Integration aus der Instandhaltung in das Modul *SAP Human Capital Management (HCM, ehemals HR)* erfolgt immer dann, wenn Sie den technischen Objekten einen Partner mittels Personalnummer zuordnen.

Die Partner sind in den technischen Objekten in einer separaten Übersicht einzustellen. Ein entsprechendes Beispiel sehen Sie in Abbildung 4.6.

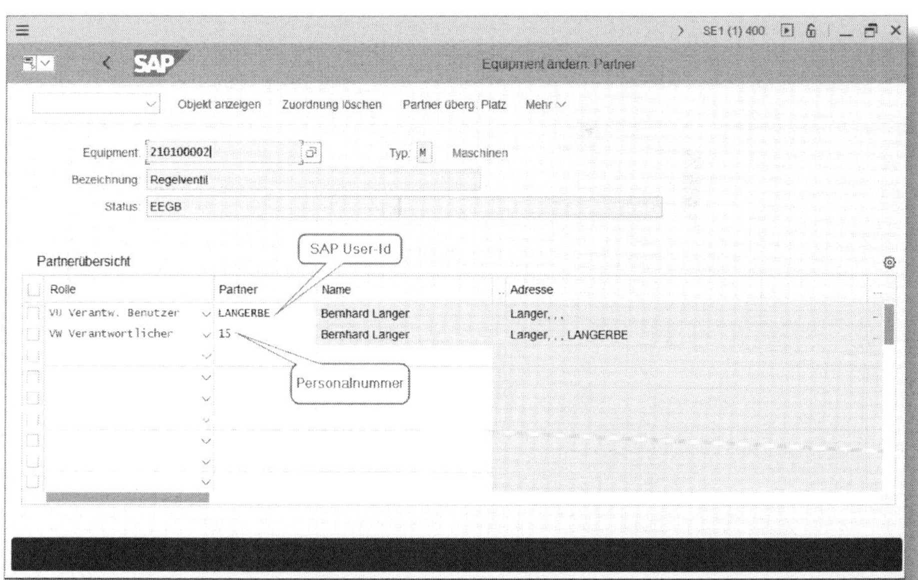

Abbildung 4.6: Partnerübersicht im Equipment

Die User-ID ist die Kennung, mit der Sie sich im SAP-System anmelden; im Vergleich dazu sehen Sie in der zweiten Linie einen Eintrag, der eine Personalnummer verlangt. Dafür muss der Benutzer im Personalmanagement (SAP HCM) angelegt sein (siehe Abbildung 4.7).

Ob ein Benutzer mit seiner ID oder seiner Personalnummer eingegeben werden muss, hängt von den Einstellungen der Partnerrolle im Customizing ab.

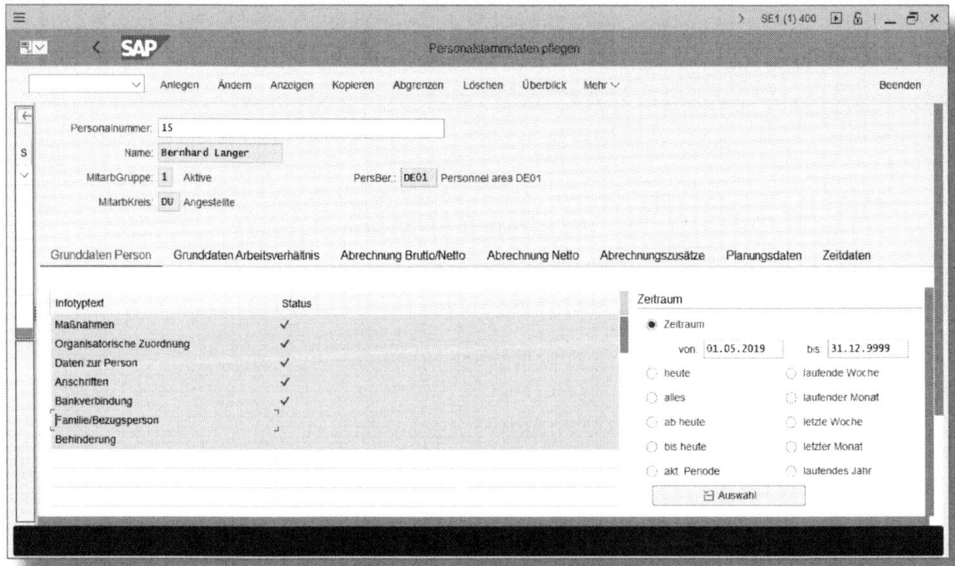

Abbildung 4.7: Personalstammsatz

Die Personalnummer können Sie in allen Objekten zuweisen, zu denen ein Partnerprofil hinterlegt ist. Das hat u. a. den Vorteil, dass Sie dem Benutzer in der Aufbauorganisation Ihres Unternehmens bestimmte Aufgaben zuordnen können, nach denen ein Workflow selbsttätig zu erledigende Arbeiten oder Aufgaben zuteilt.

Des Weiteren besteht die Option, Personalnummern neben technischen Objekten (Equipment und technischer Platz) auch Meldungen, Aufträgen oder Rückmeldungen zuzuordnen.

Zuordnung von Personalnummern

Bitte beachten Sie die Landesgesetze, wenn Sie mit Personalnummern arbeiten, da eine leistungsbezogene Auswertung (besonders bei Rückmeldungen) sehr vereinfacht wird. Zumindest in Deutschland ist ein Leistungsvergleich unzulässig.

4.8 Integration mit Buchhaltung und Controlling

Das Zusammenspiel zwischen SAP EAM und der *Anlagenbuchhaltung* im Modul »FI« *(FI-AA)* ist ein wichtiger Aspekt der Integration.

In SAP FI-AA werden alle kostenrelevanten Geschäftsprozesse inklusive der Prozesse aus der Instandhaltung bearbeitet. Alle Kosten, die während der Rückmeldung eingegeben oder durch den Verbrauch von Materialien auf den Auftrag gebucht wurden, können somit später je IH-Auftrag ausgewertet werden (siehe Abbildung 4.8).

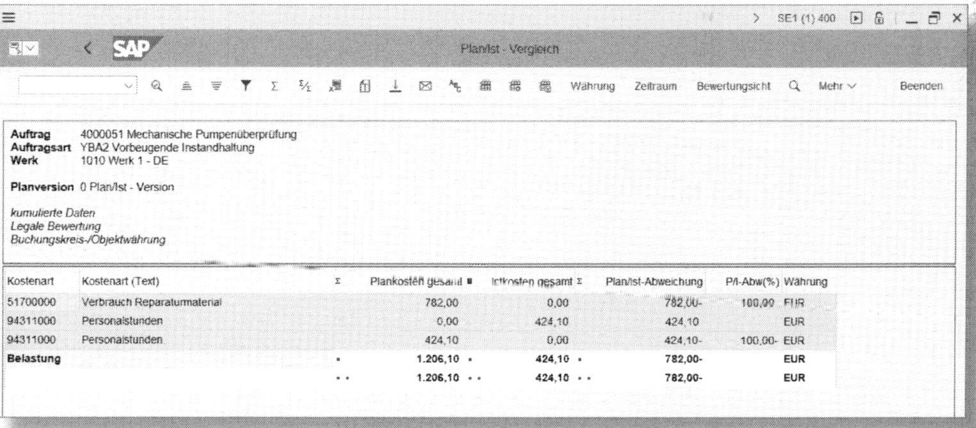

Kostenart	Kostenart (Text)	Σ	Plankosten gesamt	Istkosten gesamt	Plan/Ist-Abweichung	P/I-Abw(%)	Währung
51700000	Verbrauch Reparaturmaterial		782,00	0,00	782,00-	100,00	EUR
94311000	Personalstunden		0,00	424,10	424,10		EUR
94311000	Personalstunden		424,10	0,00	424,10-	100,00-	EUR
Belastung		•	**1.206,10** •	**424,10** •	**782,00-**		**EUR**
		••	**1.206,10** ••	**424,10** ••	**782,00-**		**EUR**

Abbildung 4.8: Plan/Ist-Vergleich der Auftragskosten

Über die Kostenarten werden diese Kosten auf die entsprechenden Konten gebucht.

Ebenfalls verbucht werden hier die Eingangsrechnungen, die zu einer aus einem IH-Auftrag erzeugten Bestellung eingehen. Diesen Vorgang habe ich in Abschnitt 3.5 (Anlage eines Instandhaltungsauftrags zur Fremdbearbeitung) beschrieben.

In FI-AA können Sie technische Objekte einer Anlage zuordnen. Eine Anlage kann dabei beispielsweise eine Halle sein, in der sich das technische Objekt befindet. Allerdings kann das technische Objekt immer nur **einer** Anlage zugeordnet werden. Wenn Sie eine Anlage erstellen (siehe Abbildung 4.9), können Sie dazu automatisch Equipments anlegen lassen. Ebenso können Anlagen durch Änderungen des Equipments im Hintergrund abgewandelt werden oder umgekehrt.

Eine ähnliche Struktur erreichen Sie auch mit dem Einbau von Equipments in technische Plätze. Sie haben dann jedoch nicht die Möglichkeit, Änderungen direkt in das Finanzwesen einfließen zu lassen.

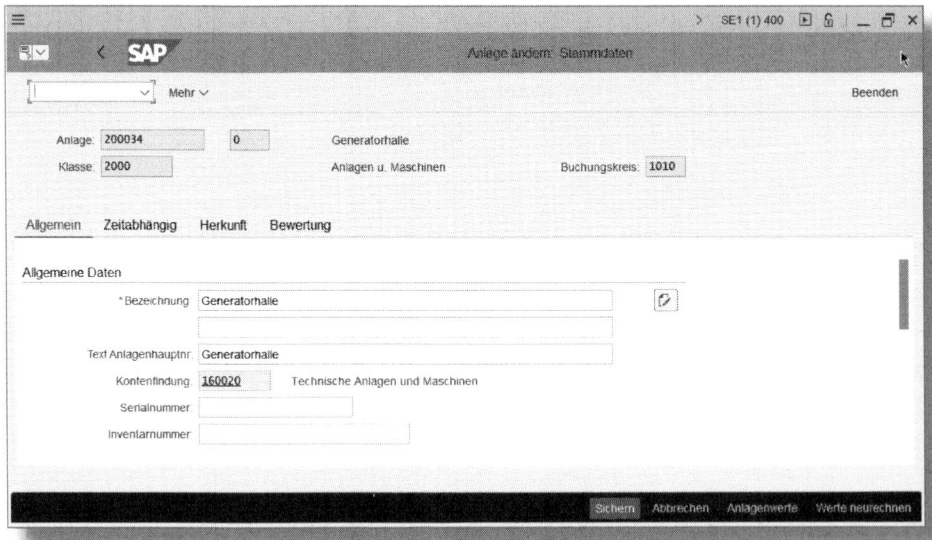

Abbildung 4.9: Stammdaten Anlage

Die zugeordneten technischen Objekte sehen Sie über die Einstellungen im Bereich UMFELD (siehe Abbildung 4.10).

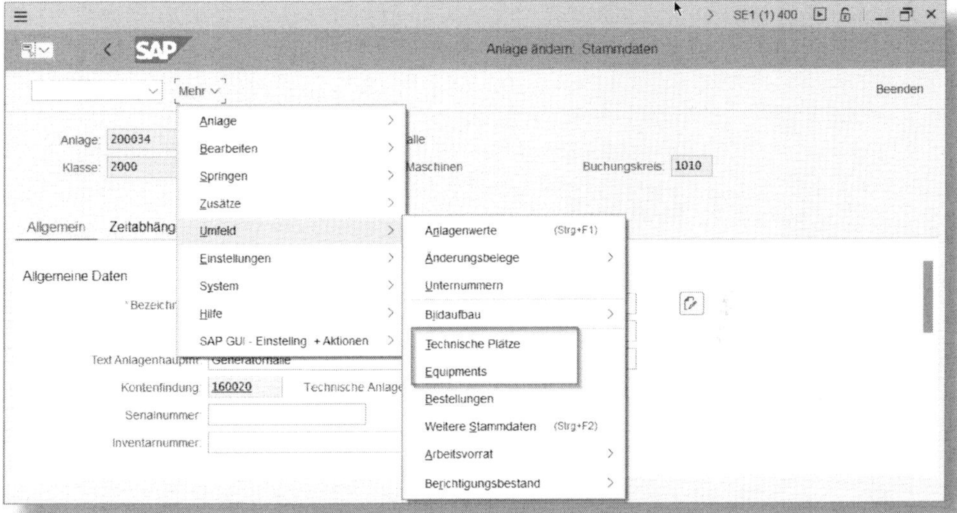

Abbildung 4.10: Umfeldanzeige

4.9 Integration in das Immobilienmanagement

Die Integration zum *flexiblen Immobilienmanagement* (RE-FX) erfordert vorherige Einstellungen im Customizing.

Mit dem flexiblen Immobilienmanagement können Sie Immobilienobjekten, ähnlich wie bei der Zuordnung von technischen Objekten zu Anlagen, technische Plätze zuweisen. Dabei kann es sich um eine Wirtschaftseinheit handeln, bei der Gebäude und Grundstücke zu einer Einheit zusammengefasst werden, aber auch um einzelne Grundstücke, Gebäude oder Mieteinheiten.

Durch die Zuordnung technischer Plätze zu Immobilienobjekten lassen sich alle Dienstleistungen, Instandhaltungsmaßnahmen, Wartungen oder Modernisierungsmaßnahmen an der Immobilie über die

Wartungsplanung organisieren und über den Instandhaltungsauftrag durchführen. Dabei können Sie die Art der Instandhaltung frei festlegen: Hierbei kann es sich um die Reinigung von Räumen, aber auch um die Wartung bzw. die Instandhaltung von Aufzügen bzw. die Renovierung von Etagen oder Außenanlagen handeln.

Ihnen steht dabei der volle Funktionsumfang des Moduls »EAM« zur Verfügung: von der Meldung über den Auftrag bis hin zur turnusmäßigen Planung der Maßnahmen. Ebenfalls möglich ist die in Abschnitt 3.5 dargestellte Bearbeitung fremdvergebener Arbeiten.

5 Nützliche Transaktionen im GUI-Modus

Auch wenn Ihnen das vorliegende Buch das Arbeiten in der SAP-Instandhaltung über Fiori-Apps näherbringen soll, gibt es doch einige Aktionen, für die entweder keine Standard-Fiori-Apps existieren oder deren Bearbeitung über eine GUI-Transaktion vereinfacht wird.

Ich habe Ihnen bereits in Abschnitt 3.4.4 dargelegt, wie Sie eine Standard-GUI-Transaktion als App einbinden können. Ob Sie diesen Weg gehen oder direkt aus SAP heraus arbeiten, bleibt Ihnen überlassen.

Tabelle 5.1 enthält einige wichtige und nützliche Transaktionen des SAP-Moduls »EAM«.

TCode	Bezeichnung
IA01	Arbeitsplan Equipment anlegen
IA02	Arbeitsplan Equipment ändern
IA03	Arbeitsplan Equipment anzeigen
IA05	Anleitung anlegen
IA06	Anleitung ändern
IA07	Anleitung anzeigen
IA08	Arbeitspläne ändern
IA09	Arbeitspläne anzeigen
IA10	Arbeitspläne anzeigen (mehrstufig)
IA11	Arbeitsplan techn. Platz anlegen
IA12	Arbeitsplan techn. Platz ändern
IA13	Arbeitsplan techn. Platz anzeigen
IA15	Änderungsurbelege Arbeitspläne

TCode	Bezeichnung
IB01	Anlegen Equipmentstückliste
IB02	Ändern Equipmentstückliste
IB03	Anzeigen Equipmentstückliste
IB11	Anlegen TechnPlatzStückliste
IB12	Ändern TechnPlatzStückliste
IB13	Anzeigen TechnPlatzStückliste
IB15	Ändern Stücklistengruppe Techn. Platz
IE01	Equipment anlegen
IE02	Equipment ändern
IE03	Equipment anzeigen
IE25	Fertigungshilfsmittel anlegen
IH01	Techn. Platz Strukturdarstellung
IH03	Equipment Strukturdarstellung
IK01	Messpunkt anlegen
IK02	Messpunkt ändern
IK03	Messpunkt anzeigen
IK11	Messbeleg anlegen
IK12	Messbeleg ändern
IK13	Messbeleg anzeigen
IK14	Sammelerfassung Messbelege
IL01	Techn. Platz anlegen
IL02	Techn. Platz ändern
IL03	Techn. Platz anzeigen
IP01	Hinzufügen Wartungsplan
IP02	Ändern Wartungsplan
IP03	Anzeigen Wartungsplan
IP04	Hinzufügen Wartungsposition

TCode	Bezeichnung
IP05	Ändern Wartungsposition
IP06	Anzeigen Wartungsposition
IP10	Terminieren Wartungsplan
IP11	Wartungsstrategien pflegen
IP13	Paketfolge
IP14	Verwendungsnachweis Strategie
IP41	Hinzufügen Einfachplan
IP42	Hinzufügen strategiegesteuerter Plan
IP43	Hinzufügen Mehrfachzählerplan
IW21	Anlegen IH-Meldung – Allgemein
IW22	Ändern IH-Meldung
IW23	Anzeigen IH-Meldung
IW24	Anlegen IH-Störmeldung
IW25	Anlegen IH-Tätigkeitsmeldung
IW26	Anlegen IH-Anforderung
IW29	Meldungen anzeigen
IW31	Auftrag anlegen
IW32	Auftrag ändern
IW33	Anzeigen IH-Auftrag
IW34	IH-Auftrag zur IH-Meldung
IW41	Erfassen Rückmeldung IH-Aufträge
IW42	Gesamtrückmeldung
IW43	Anzeigen Rückmeldung IH-Aufträge
IW44	Sammelrückmeldung IH-Aufträge
IW45	Stornieren Rückmeldung IH-Aufträge

Tabelle 5.1: Überblick über nützliche Transaktionen des Moduls »Instandhaltung«

6 Fazit und Ausblick

Mit dem Modul »EAM« der SAP verfügen Sie über ein Tool, mit dem Sie alle anfallenden Instandhaltungs-, Wartungs- und Kalibriermaßnahmen planen und durchführen können. Sofern Sie Fiori-Apps einsetzen, können Sie damit unabhängig von einer direkten Anbindung an das ERP-System Daten eingeben, pflegen und auswerten. Allerdings sind nach wie vor nicht alle Transaktionen über eine Fiori-App erreichbar. Zwar besteht die Möglichkeit, sich eine App zur Transaktion zu erstellen, um damit zu arbeiten, dafür müssen Sie aber im ERP-System angemeldet sein.

Im Moment existieren ca. 170 Apps für das *Asset Management*, von denen etwa 50 für die Instandhaltung eingesetzt werden können. Im Modul »EAM« ergeben sich durch die Einführung der Fiori-Apps nur wenige Neuerungen, das Modul wurde vielmehr optimiert und dadurch ein Mehrwert geschaffen. Dazu gehören u. a. spezielle Szenarien, die in diesem Buch nicht berücksichtigt wurden. So können beispielsweise vorhandene Maschinendaten, die durch Sensoren überwacht werden (IoT – Internet of Things), als ganzheitliche Prozesse abgebildet werden. Die digitale Darstellung technischer Anlagen als »Digital Twins« bietet einen Überblick über den Zustand von Maschinen, insbesondere in Verbindung mit »Machine Learning«. Dadurch wird der Verschleiß ohne Materialeinsatz simuliert. Auch die digitalen Zwillinge sind ein Kernbestandteil der »Industrie 4.0«. Dabei sind die Echtzeitdaten in der Instandhaltung ein wichtiger Faktor, um aussagekräftige Prognosen zu erstellen.

Vernetzte Maschinen könnten sich künftig eigenständig melden, wenn eine Wartung ansteht, eventuell könnte sogar das benötigte Material (Ersatzteile) für diese Wartung autark bestellt werden. Die dazu notwendige *Predictive Maintenance*, also die vorausschauende Wartung, erkennt eine Störung, bevor diese auftritt. Durch diese neue Technologie, einer Kernkomponente der »Industrie 4.0«, liegt der Fokus mehr auf präventiver als auf reaktiver Instandhaltung. Es ist anzunehmen, dass diese Technologie speziell in den Bereichen Maschinen- und Anlagenbau sowie in der Automobilindustrie verstärkt Einzug halten wird.

Auch Predictive Maintenance kann über Hybrid- und Cloudlösungen sowie On-Premise eingesetzt werden.

Wie Sie sehen, schreitet die Entwicklung stets voran. Mit jedem weiteren Release werden neue Apps ausgeliefert bzw. können eigene Apps entwickelt und an die individuellen Bedürfnisse angepasst werden. Damit erreichen Sie eine höchstmögliche Flexibilität und können zudem ein Tablet oder Smartphone einsetzen. Das Arbeiten mit den SAP-GUI-Transaktionen ist zwar nach wie vor möglich, die Tendenz weist allerdings zunehmend in Richtung der benutzerabhängigen Oberfläche SAP Fiori.

Die mobile Instandhaltung wird zukünftig mehr Relevanz erhalten sowie nach und nach die Schaltschränke oder Notizbücher komplett ablösen. Bisher werden von der SAP für die Instandhaltung keine Anwendungen gezielt für Mobilgeräte (Smartphone, Tablet) ausgeliefert, es spezialisieren sich aber immer mehr Firmen auf die Entwicklung solcher Apps. So werden heute bereits Apps zur Auftragsbearbeitung angeboten, zur Meldungserstellung, zum Anlegen eines Sofortauftrags oder zur Kommissionierung. Sie können von jedem Standort aus die notwendigen Angaben in die jeweilige App eingeben, die diese dann an die Anwendung in SAP weitergibt. Papier wird also weitestgehend überflüssig.

Ziel der beschriebenen Aktivitäten ist eine nahezu vollkommene Digitalisierung, verbunden mit einer Kostenreduzierung in den Abläufen einer Instandhaltung.

Sie haben das Buch gelesen und sind mit unserem Werk zufrieden? Bitte schreiben Sie uns eine Rezension!

Unser Newsletter

Bleiben Sie stets informiert!

Aktuelle Neuerscheinungen und exklusive Rabattaktionen einmal im Monat per Mail direkt an Sie:

Melden Sie sich noch heute an unter *http://newsletter.espresso-tutorials.de*.

A Der Autor

Paul-Werner Neiss arbeitete nach einer Ausbildung und anschließendem Studium viele Jahre in der Entwicklung von Spezialklebstoffen und Kunststoffverarbeitungshilfsmitteln für die chemische Industrie. Während dieser Zeit absolvierte er mehrere Schulungen in den Bereichen Qualitätsmanagement und Instandhaltung und ist bis heute als Auditor für Qualitätsmanagementsyteme nach DIN EN ISO 9000 aktiv.

Seit 1996 ist Paul-Werner Neiss freiberuflicher SAP-Berater mit Fokus auf die Module Qualitätsmanagement (QM) sowie Instandhaltung (PM, heute EAM).

In mehr als 40 Projekten weltweit unterstützte er seither die Prozessgestaltung von Instandhaltungs- und QM-Systemen sowie deren Abbildung im SAP-System. Aufgrund seiner Vorbildung liegen seine Haupteinsatzfelder in der Pharma- und Medizintechnik sowie in der chemischen Industrie. Aber auch in anderen Bereichen wie Automotive, der Schwer- und der Lebensmittelindustrie sowie im Handel verfügt er über ein profundes Fachwissen zu den Prozessen des Qualitätsmanagements und der Instandhaltung.

B Index

O

P

T

V

W

C Disclaimer

Die in diesem Werk wiedergegebenen Gebrauchsnamen, Handelsnamen, Warenbezeichnungen usw. können auch ohne besondere Kennzeichnung Marken sein und als solche den gesetzlichen Bestimmungen unterliegen. Sämtliche in diesem Werk abgedruckten Bildschirmabzüge unterliegen dem Urheberrecht der SAP SE, Dietmar-Hopp-Allee 16, 69190 Walldorf.

In dieser Publikation wird auf Produkte der SAP SE Bezug genommen. SAP, R/3, SAP NetWeaver, Duet, PartnerEdge, ByDesign, SAP BusinessObjects Explorer, StreamWork und weitere im Text erwähnte SAP-Produkte und -Dienstleistungen sowie die entsprechenden Logos sind Marken oder eingetragene Marken der SAP SE in Deutschland und anderen Ländern. Business Objects und das Business-Objects-Logo, BusinessObjects, Crystal Reports, Crystal Decisions, Web Intelligence, Xcelsius und andere im Text erwähnte Business-Objects-Produkte und -Dienstleistungen sowie die entsprechenden Logos sind Marken oder eingetragene Marken der Business Objects Software Ltd. Business Objects ist ein Unternehmen der SAP SE. Sybase und Adaptive Server, iAnywhere, Sybase 365, SQL Anywhere und weitere im Text erwähnte Sybase-Produkte und -Dienstleistungen sowie die entsprechenden Logos sind Marken oder eingetragene Marken der Sybase Inc. Sybase ist ein Unternehmen der SAP SE. Alle anderen Namen von Produkten und Dienstleistungen sind Marken der jeweiligen Firmen. Die Angaben im Text sind unverbindlich und dienen lediglich zu Informationszwecken. Produkte können länderspezifische Unterschiede aufweisen.

Der SAP-Konzern übernimmt keinerlei Haftung oder Garantie für Fehler oder Unvollständigkeiten in dieser Publikation. Der SAP-Konzern steht lediglich für SAP-Produkte und -Dienstleistungen nach der Maßgabe ein, die in der Vereinbarung über die jeweiligen Produkte und Dienstleistungen ausdrücklich geregelt ist. Aus den in dieser Publikation enthaltenen Informationen ergibt sich keine weiterführende Haftung.

Simone Bär, Andreas Wunsch

Abrechnungsmanagement in SAP S/4HANA® – Konditionskontraktabrechnung (2., erweiterte Auflage)

- Kundenbonus, Lieferantenbonus, Provisionsabrechnungen
- sämtliche Abrechnungsszenarien in einem Modul
- Beispielprozess „Verkaufsprovision für Handelsvertreter“
- 2. Auflage mit neuen Funktionalitäten im Release 1909

http://5557.espresso-tutorials.de